KB259798

도시, 변혁을 꿈꾸다

도시, 변혁을 꿈꾸다

초판 1쇄 펴낸날 2009년 11월 12일

지은이 정달식
펴낸이 강수걸
펴낸곳 산지니
등록 2005년 2월 7일 제14-49호
주소 부산광역시 연제구 거제1동 1493-2 효정빌딩 601호
전화 051-504-7070 | **팩스** 051-507-7543
sanzini@sanzinibook.com
www.sanzinibook.com

ISBN 978-89-92235-76-1 03300

값 15,000원

* 이 책에 사용된 사진은 사용 허락을 받았으나 저작권자를 찾지 못한 일부 사진에
  대해서는 출판사로 연락을 주시면 대가를 지불할 예정입니다.

* 이 도서의 국립중앙도서관 출판시도서목록(CIP)은
  e-CIP 홈페이지(http://www.nl.go.kr/cip.php)에서 이용하실 수 있습니다.
  (CIP 제어번호 : CIP 2009003432)

* 이 책은 지역신문발전기금을 지원받아 출판되었습니다.

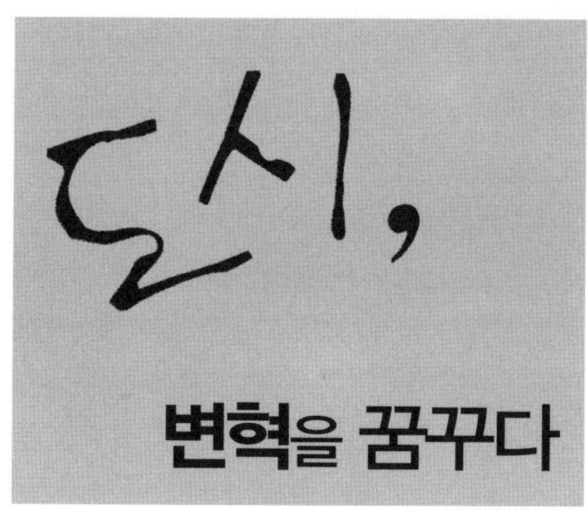

변혁을 꿈꾸다

정달식 지음

산지니

차례

머리말

숭례문이 불탔다. 대한민국 국보 1호 남대문이. 2008년 2월 10일, 숭례문 화재는 대한민국 국민에게는 '충격' 그 자체였다. 대한민국의 자존심이자 서울 상징의 대명사였던 숭례문. 하지만 숭례문 화재(방화사건)는 단순한 방화가 아니었다. 숭례문이 불탄 것은 도시 재개발사업에 따른 한 주민의 토지보상에 대한 불만이 '불씨'가 됐다.

당시 언론을 통해 보도된 경찰 수사결과 발표도 이 같은 내용을 뒷받침하고 있다. 방화를 했던 채모씨는 1998년 경기도 고양시 일산에 있는 자신의 토지가 재개발되는 과정에서 시공사로부터 충분한 보상을 받지 못했다고 판단, 관계기관 등에 수차례 민원을 제기했으나 받아들여지지 않자 이에 불만을 품고, 숭례문 화재라는 극단적 방법을 사용했던 것으로 경찰은 분석했다.

뒤이어 터져 나온 서울 용산 참사. 숭례문 방화사건이나 용산 참사 모두 도시 재개발이 문제였다. 대한민국 도시의 오랜 문제, 바로 '잔혹한' 도시 재개발 말이다.

안타깝게도 두 사건의 기본 바탕에는 개발이란 이름 아래, 아니 개발이란 명분 아래 저질러지는 현대 도시의 병폐가 고스란히 내재돼 있다.

바둑판처럼 획일화된 아파트, 다양성을 상실한 건축물, 멈추지 않는 해체와 파괴 속에서 어느 순간, 우리의 도시들은 갈수록 사람 사는 냄새와 따뜻한 온기를 잃어 가고 있다. 사람은 살고 있되 희망을 잃어버린 공간 '도시' 말이다. 극단적 개인주의와 경계(혹은 구별 짓기), 소통의 부재가 어느새 우리네 도시를 감싸고 있다.

이 책은 바로 여기에 주목하고 있다.

도시 재개발 재건축은 대한민국을 온통 개발 천국으로 만들어 놓았다. 덕분에 파헤쳐진 도시는 곳곳이 시끄럽고 바쁘다. 하지만 뭔가를 놓치고 있다. 개발 논리 앞에 아직도 허덕이고 있다. 세계의 도시들은 새롭게 변모하고 있는데 말이다.

이 책은 도시 내 아파트 등 주거공간을 비롯한 건축물 속에서 경계 짓기의 현상들을 하나, 둘 들춰내면서 소외가 아닌 소통의 길을 찾고자 한다.

그래서 이 책을 관통하는 주제는 '도시의 소통' 이다. 그리고 그 속에서 자연을 찾고, 휴머니즘을 찾는다. 한마디로 한국 도시의 현 상황에 대한 문제 인식이 이 책의 출발선이다.

이 책은 모두 3개의 장으로 구성했다.

1장은 도시의 경계 짓기, 그 현상을 찾아낸다. 산업화 물결 속에 획일화된 우리네 삶의 공간을 들춰낸다. 아파트 문화 속에 자연과 등지고 개성을 상실한 우리의 도시문화도 찾아낸다.

2장은 도시 경계 짓기의 가장 극단적 현상, 도시 재개발에 대한 문제를 성찰한다. 부동산, 건설을 담당한 취재 경험을 살려 재개발 재건축의 문제점과 대안을 구체적으로 제시하려고 최대한 노력했다.

3장은 어떻게 해야 소통 '불통' 의 도시를 소통 가능한 도시로 만들 수 있을까에 대한 해법을 제시하고 있다. 답은 우리 속에서 찾는다. 방법은 외국에서 배운다. 본질은 자연이고 휴머니즘이다.

도시 미래에 관심이 높은 분들께 이 책이 조금이나마 도움이 되길 기대한다.

책을 펴내면서 사실 조심스러웠다. 건축 전문가가 아니기 때문에 관련 전문가들에게 혹 누(累)가 되진 않을까 염려됐기 때문이다. 내 자신의 머릿속에 건축은 전문분야라는 인식이 짙게 깔려 있었기 때문이다. 그러나 "건축가가 아니기 때문에 오히려 건축 전문가가 보지 못했던 문제점을 기자의 시각으로 얼마든지 찾을 수 있는 것 아니냐"는 한 지인의 말에 용기를 냈다. 써 보기로 했다. 수년 전 처가에서 빌라를 지을 때 옆에서 느꼈던 건축에 대한 소소한 경험도 책 출간을 결심하는 데 힘을 보탰다. 물론 2년간의 건설, 부동산 담당 기자의 경험도 빼놓을 수 없다.

섣부른 대안일 수 있다. 나뿐만 아니라 도시에 대한 시민, 건축가, 행정가들의 생각이 개인적인 견해에 머무르지 않고 공적인 담론으로 소통될 수 있는 계기가 되기를 희망한다.

유치환의 시 「깃발」이 생각난다.

이것은 소리 없는 아우성/저 푸른 해원(海原)을 향하여
흔드는/영원한 노스텔지어의 손수건/순정은 물결같이
바람에 나부끼고/오로지 맑고 곧은 이념의 푯대 끝에/애
수는 백로처럼 날개를 펴다/아아 누구던가/이렇게 슬프
고도 애달픈 마음을/맨 처음 공중에 달 줄을 안 그는

노스텔지어의 깃발에 쪽빛 '푸르름' 세워 단 마음이다. 부
디 건축가와 대중, 혹은 건축가와 자본가, 자치단체와 시민 사
이에 단절된 소통의 통로를 연결시켜 폭넓은 인식의 교감이
되길 기대한다. 또한 도시들이 현재의 구태를 벗고 조금 더 나
은 미래 도시로 나아가는 밑거름이 됐으면 하는 바람이다.

이 책은 지역신문발전위원회의 지원 및 도움을 받아 빛을
보게 됐다. 이 책에 직·간접적으로 인용된 국내외 교수, 학
자, 건축가 분들께 먼저 깊은 감사를 드린다.
이 책의 집필과 관련해 용기 있게 출판을 단행해 주신 출판
사 산지니 강수걸 대표를 비롯해 비판과 충고를 아끼지 않은
이학천 기획위원, 그리고 원고를 분류하고 정리해 주신 김은
경 팀장, 권문경 씨 등 산지니 여러 식구들에게 진심으로 감사
를 드린다. 또 귀중한 의견과 시간을 할애해 주시고 여러 가지
자료를 제공해 주신 부산재개발재건축 시민대책위원회 김성

태 정책위원장, 부산경제정의실천시민연합 차진구 사무처장, 동의대 건축학과 우동주 교수님께 감사의 말을 전한다. 그리고 재개발 현장을 누비며 적극적인 사진 협조와 조언을 아끼지 않았던 이광수 아시아평화인권연대 공동대표와 사진집단 일우의 정근업 씨, 사진 요청에 쾌히 발품을 팔아 사진을 찍어 보내 준 처남 오승준에게도 특별히 깊은 고마움을 표한다.

또 함께 갔던 곳의 빛바랜 사진을 꺼내 빛을 보게 해 주신 동의대 유통학부 박봉두 교수님, 부산 동구청 변상일 건축과장님께도 깊이 감사를 드린다. 그리고 늘 내 곁에서 형처럼 조언해 주시고 취미로 찍어 놓은 사진을 선뜻 제공해 주신 존경하는 김병주 형에게도 고맙다는 말을 전한다. 또 이 책의 집필 과정에서 내게 항상 용기와 독려, 자료에 협조를 해 주신 부산국제건축문화제(BIACF)조직위원회 조창래 사무국장, 대한건축사협회 부산광역시건축사회 건축사신문 심은정 기자에게도 깊은 감사의 마음을 전한다.

이 책을 아버님 영전에 바치며 홀로 고향을 지키고 계신 나의 사랑하는 어머니 조희남 여사와 늘 가까이서 격려를 해 주신 존경하는 장인·장모님, 사랑하는 아들 성훈이와 딸 지윤, 그리고 집필하는 과정에서 나의 짜증을 쾌히 들어주고 용기와 격려를 아끼지 않았던 사랑하는 아내 오유경에게 바친다.

2009년 9월
부산 쇠미산 기슭에서 정달식

CASA BATLLÓ
ANTONI GAUDÍ

PART 1

제1장_

도시,
무엇을 입힐
것인가

들어가며

영국의 건축사학자 마크 기로워드는 『도시와 인간-중세부터 현대까지 서양도시문화사』란 책에서 "인간은 도시를 만들고 도시는 인간을 만든다"라고 했다. 도시가 처음에는 경제발전 등 인간의 욕망에 의해 건설됐지만, 이후 거꾸로 도시가 인간 삶의 양식과 문화를 규정지었다는 이야기다.

시대와 환경에 따라 변화해 온 도시와 인간의 관계를 되새겨 보면 이 말은 결코 틀린 말이 아닌 것 같다.

도시는 시민, 도시시설(건축물, 토지 등), 도시민의 활동 등 수많은 구성요소로 이루어진 유기적 복합체다. 그러나 수많은 도시 구성요소 가운데 건축물은 도시 변화의 본질이요, 중심이다.

도시는 수많은 건축물로 이루어져 있다. 고대 사회에서는 건물이 인간의 필요에 의해 만들어졌다. 이때의 건물은 인간을 보호하는 기본적 임무가 강했다. 그러나 지금은 어떤가? 특정 건물에서 살다 보면 우리의 삶이 어느 순간 건물에 적응해 감을 느낄 것이다. 건물이 갖는 구조적 환경에 인간이 적응해

간다고나 할까. 근래 이러한 경향은 더 높아졌다. 왜냐하면 도시 속에서 건축물은 그 속도를 조절하지 못할 만큼 늘어나고 있기 때문이다.

그러나 문제는 속도를 조절하지 못할 정도로 늘어나고 있는 건축물들이 과연 도시 속에서 제대로 순기능을 하고 있느냐 하는 점이다.

도시 속 건축물이나 공간은 사람을 모으고 만나게 하지만, 또 어떤 것들은 사람들을 분명 흩어지게 하고 소외시키기 때문이다. 나는 후자에 특히 주목하고자 한다. 도시의 단절, 소통의 부재는 심각하다.

건축물이 도시 변화의 한가운데에 있음은 분명하지만 그 변화의 순기능 못지않게 역기능의 한복판에 있음도 부인할 수 없다. 도시에 있어 건축은 옷이다. 사람이 어떤 옷을 입느냐에 따라 다르게 보이듯이 도시도 어떤 옷으로 치장하느냐에 따라 달라진다.

지금 대한민국의 도시는 변화를 갈구한다. 하지만 그 변화의 목마름을 시원하게 해결해 줄 '냉수 한 잔(도시에 '도미노' 변화를 줄 만한 건축물)' 조차 잘 보이지 않는다. 그렇다고 도시창조 그룹들은 갈증 해결을 위해 '우물을 팔 생각(고민)' 도 별로 없어 보인다.

특히 재개발 재건축이라는 이름 아래, 혹은 국가적 계획 아래, 크고 작은 주거 단지들이 새롭게 형성되고 있지만 주변은 온통 건축주나 건설업체, 그리고 투기꾼들의 배부름뿐, 진정 인간을 위한 건축이나 주거는 쉽게 찾을 수가 없다. 그러기에 대한민국의 도시는 아직도 내게는 회색빛이다.

세계는 이미 '도시 변혁'을 부르짖으며 한 발짝 앞서 가고 있는데도 말이다.

도시는 겉으로는 빠르게 움직이고 있지만 그 실상을 들춰 보면 진정 인간을 위한 움직임은 그리 많아 보이지 않는다. 그래서 도시는 많은 사람들에게 회색빛으로 각인되나 보다.

 제1장 도시, 무엇을 입힐 것인가

도시와 인간,
건축과 인간의
관계를 묻다

도시, 접속은 있되 접촉은 없다

대한민국의 도시는 변화 중이다. 저마다 도시의 가치를 뽐내며 마치 상품이 도열하듯 '튀는 도시'가 되기 위해 몸부림치고 있다.

서울은 '하이 서울' '세계 디자인 도시'*를 내걸고 부산은 '그린 부산'을 내세운다. 또 인천은 '플라이 인천' '국제 물류도시'를 표방한다.

하지만 좀 더 깊이 들여다보면 이게 전부가 아니다. 내가 살고 있는 부산만 해도 그렇다. '다이내믹 부산'이라는 구호 아

＊세계 디자인 수도(WDC)는 디자인을 통해 경제를 발전시키고 문화를 풍요롭게 함으로써 시민의 삶의 질을 개선하자는 취지에서 피터 젝 WDC 의장이 제안한 것으로, 국제디자인연맹(IDA)이 2년에 한 번씩 디자인의 잠재력을 활용하는 도시를 지정한다. 서울은 2007년 10월 '국제산업디자인단체협의회(ICSID)' 총회에서 WDC로 선정돼 2010년 한 해 동안 디자인 수도로서의 지위를 부여받았다.
세계 디자인 수도로 선정되면 세계 디자인 전문가들의 전폭적인 지지하에 디자인 중심도시라는 브랜드를 선점하게 되고 이를 통해 도시의 브랜드 가치를 업그레이드할 수 있는 기회를 잡게 된다.

래 내세우는 도시정책의 방향성은 '그린 부산'을 포함해 '해
양 물류도시 부산' '동북아시아의 물류 허브 도시' '한국 해
양 수도' '영상문화 중심 도시' 등 어림잡아도 5~6개다. 그러
다 보니 그 몸부림은 뜨겁다 못해 후끈 달아 있다. 하지만 어
느 것이 진짜 부산의 정체성일까. 헷갈린다.

다이내믹(dynamic)'이라는 단어만큼
부산을 적절히 나타내 주는 말도 없을
듯하다. 하지만 아쉬운 점이 많은 것도
사실이다. '다이내믹 부산' 외에도 '한
국 해양 수도', '영상문화 중심 도시'
등 워낙 다양한 시책을 함께 추진하다
보니 부산이 진정으로 추구하는 궁극적
인 이미지를 떠올리기가 쉽지 않다.

다른 도시들도 별반 다를 게 없다. 심지어 도시 이름 앞에 뜻 모를 영어를 붙이기도 하고 의미 없는 말을 넣어 도시를 브랜드화하려고 한다. 그러자니 너무도 비슷비슷하다. 때로는 어설프고, 때로는 억지다.

특히 최근 들어 경쟁적으로 전개되는 지자체나 도시들의 디자인 정책과 그린 정책은 고민의 흔적은 물론이고 알맹이조차 빠져 있는 경우도 많다. 어찌 보면 '디자인 공해' '그린 공해' 라고 하는 편이 더 나을 지경이다.

도심 속으로 좀 더 깊게 들여다보자. 이곳 역시 재개발 재건축*으로 소란하고 분주하다.

과거의 옷은 마구 던져 버리고 대부분 현대를 지향한다. 명분은 점점 더 효율성과 편리성을 향해, 그리고 인텔리전트를 향해서다. 그러나 그 속을 자세히 들여다보면 지극히 고립적이고 때론 너무나도 무지하다. 사이버 속에서의 접속은 있을지라도 진정 인간 대 인간의 접촉은 찾을 길이 없다. 접속은 있되 접촉은 없다. 이러한 현상은 문명의 이기에 의해 갈수록 가속화되고 있다.

도시 건물들 또한 마치 '내가 더 잘났어' 라는 듯 상대를 배척하며 높이 높이 고층화를 향해 나아가고 있다. 마천루가 그렇고 소위 랜드마크가 그렇지 않은가? 그곳에는 서로에 대한 배려는 찾을 수 없다. 추악한 욕망이 도사리고 있다. 처음에는 5층짜리 아파트만 지으면 모든 것이 다 해결될 것만 같았지만 욕심은 10층, 15층, 30층으로 바뀌어도 끝이 없다. 갈수록 추악해져 가는 욕심은 이제는 우리 앞에 50층, 100층, 200층이 기다리고 있을 뿐이다.

도시 속 욕망은 끝이 없다. 처음에는 5층짜리 아파트만 지으면 모든 것이 다 해결될 것만 같았지만 욕심은 10층, 15층, 30층으로 바뀌어도 끝이 없다. 그리고 50층, 100층…, 인간의 욕망의 끝은 어디일까. 사진은 부산 해운대 수영만 매립지에 들어선 고층 건물들.

소통이 불통된 지는 이미 오래전의 일이다. 오직 관심의 대상은 건폐율과 용적률 정도일 뿐이다. 건축주의 돈에 대한 질펀한 욕망 말이다. 건축주들은 스마트홈* 등 편리성을 내세우며 '인간을 위한 건축'이라고 항변하지만, 기실 이것도 분양가를 높이기 위한 건축주의 수단일 뿐이다.

도시, 사랑을 잃어 가다

건축주의 질펀한 욕망 속에서 한국의 도시는 어느덧 서로에 대한 관심과 사랑을 잃어 가는 삭막한 곳으로 변모하고 있다. 단절과 경계의 공간 속에서 타인에 대한 배려나 자애는 점점 사라지고 있다. 자본의 논리에 짓눌린 건축이, 주거환경이, 각박한 세상을 부채질하고 있다. 서울, 부산 등 대도시는 말할 것도 없고 지방의 중소도시들도 대도시의 발걸음을 반복한다.

각박한 도시, 그 현장 속으로 직접 들

*1980년대 후반 마이크로소프트사 창립자 빌 게이츠가 버튼을 누르기만 하면 벽면에 예술작품이 펼쳐지는 시애틀에 있는 자신의 아파트를 공개할 즈음부터, 스마트홈 기술은 발전해 왔다. 아파트 내부와 주인의 휴대폰이 연결돼 있어서 먼 곳에서 에어컨이나 세탁기 등을 원격 조정할 수 있다. 특히 외출 중에 아파트를 방문한 사람의 모습이 휴대폰으로 전송돼 출입을 통제하는 시스템이다. 흔히 인텔리전트 빌딩과 비슷한 의미로 사용된다.

그동안 지능형 건축(스마트홈, 인텔리전트 빌딩 등)에 대한 논의는 주로 차양장치, 제어 시스템 등과 같이 환경을 제어하는 데 초점을 맞췄으나 이제는 센서, 컴퓨터 조작, 디스플레이 등 신기술 덕분에 환경과 대화하는 단계까지 접근하고 있다. 내부 온도가 일정 정도 높아지면 자동으로 외부 창문이 열린다든지, 해가 떴다 사라질 때까지 빛을 분석해 실내 온도를 조절하는 등이 모두 이에 해당한다. 이에 건축 비평가 루시 불리반트는 『제4의 공간 대화를 시작하다』(픽셀하우스, 2007년)라는 책에서 무엇보다 인간을 위한 환경을 만들어야 한다는 전제하에 이처럼 IT가 접목된 실험적이고 창조적인 건축의 시도를 반긴다.

하지만 컴퓨터 등 IT가 접목된 산물들은 하루가 다르게 진화하고 있지만 정작 인간관계의 상호 소통을 위해 어떤 정보(이야기)와 감성(느낌)을 전할 것인가 하는 문제는 여전히 무거운 숙제로 남아 있다.

어가 보자. 아파트라도 한 번 구경하고 싶어도 단지에 들어서면 경비업체가 대뜸 방문 목적부터 묻는다. 호기심에 인근 새 아파트를 구경하고 싶어도 경비업체에서 가로막아 들어가기조차 힘든 게 오늘의 아파트 문화다.

실제로 겪었던 이야기다. 인근에 새로 들어선 대단지 아파트의 내부도 볼 겸, 잘 꾸며진 어린이 놀이터에서 아이들과 놀아 볼 겸, 새 아파트로 원정 구경을 갔다. 하지만 아파트 경비업체 직원이 입구에서부터 막아섰다. 대뜸 "어디 가냐"고 묻는 바람에 "놀이터 구경 왔다"라고 말해 더 이상 저지당하지는 않았지만 무조건 이방인 출입을 막고 보는 오늘의 아파트 문화에 아파트를 구경하고 싶은 마음은 싹 가시고 기분만 잡치고 돌아왔던 기억이 있다.

모든 아파트가 이렇지는 않지만 상당수 아파트들이 이 길을 가고 있음은 부인할 수 없는 사실이다. 오죽했으면 '외국어로 지어진 난해한 아파트 이름은 시골에 사는 시부모의 도시 아들 집 방문을 힘들게 하기 위한 며느리의 뜻' 이라는 뼈 있는 농담도 있지 않은가?

외부 커뮤니티 시설도 외부인 통제는 마찬가지이다. 실제로 시골에서 부모님이 한 번이라도 아파트에 올라오면 이용하는 것부터 쉽지 않아 거부감이 당장 온다. 물론 프라이버시를 존중한다는 점에서 일부는 이런 시스템을 좋아한다는 것도 안다. 하지만 아파트 입구에서부터 저지당하는 심정. "어디에 가시나요?" 방문자는 이유를 불문하고 아파트의 규모에 압도

당하고 경비업체 직원에 다시 한 번 눌린다. 그 옛날 시골의 마을 어귀, 정감 어린 모습과는 너무도 딴판이다.

분명 도시 속의 공간이지만 인근의 지역성으로부터 의도적인 고립을 지향한다. 공간의 구성은 철저히 배타적이고 폐쇄적이다. 그곳에는 단지 특별함만이 존재할 뿐이다.

이러한 도시의 모습은 20대 젊은 한국화가 안인경 씨가 그린 도시의 모습과 흡사하다. 그녀는 독특하게도 깨진 거울을 통해 도심 속 아파트 건물을 들여다본다.

안씨는 "고향 같은 곳이지만 온기는 전해지지 않는다. 차가워진 마음이 꽁꽁 얼어 깨어지듯 도시 형상도 깨진 거울에 비쳐 산산조각 난다"고 표현했다. 그렇게 현대 도시는 얼음처럼 차갑고, 잔혹하게 아프다는 것이다.

도시, 말이 없다

MBC TV 드라마 〈선덕여왕〉에 소통의 이야기가 나온다. 주인공 덕만은 공주로 복귀하면서 그동안 미실 등 일부 세력에 의해 독점되어 온 상천관을 폐지하고 모든 천문기상 관측 정보를 백성들에게 공개하겠다고 밝힌다. 하지만 미실은 천문관측 정보를 백성들에게 공개하면 환상이 사라지게 된다면서 그렇게 되면 향후 어떻게 백성들을 통치할 것이며, 왕실의 위엄을 세우겠느냐고 말한다. 그러자 덕만은 환상이 아니라 진

화가 안인경 씨가 그린 현대 도시의 모습 「왜곡하거나 착각하거나」

실을 가지고 통치할 것이며, 백성들에게 환상이 아니라 희망을 줄 것이라고 말한다.

드라마 〈선덕여왕〉은 왕권이 사는 길은 '백성과 소통하는 길'임을 이야기하고 있다. 소통은 비밀이나 독점이 아니라 공개라는 것을.

박희승 조계종 기획실 차장이 펴낸 『선지식에게 길을 묻다』(은행나무, 2009년)라는 책에 통류(通流)라는 말이 나온다. 여기에 나오는 '통류'라는 말은 일반인들이 이해하기엔 다소 어렵지만 그 뜻은 모두가 함께 통하여 흐름을 만든다는 것이다.
모두가 함께 통하여 흐름을 만든다는 것은 불교 용어로 보면 통류일지 모르나 일반인이 보기엔 소통을 의미한다.
통류의 본질은 누가 누구에게 지시하지 않으며, 억압을 수락하지 않는다. 자비의 마음이다. 한 사람 한 사람 개별성을 느끼면서 또한 공동의 흐름 속에 몸을 담는다고 한다. 소통이다.

소통이란 상대방과의 이해와 교감을 의미한다. 자신의 생각이나 감정을 일방적으로 주입하거나 강요하는 것은 소통일 수 없다. 소통은 서로 마음을 나누는 쌍방향인 것이다.
그렇다면 묻는다. 지금 우리 사회는 잘 소통되고 있는가?
일상 속에서 우리는 본질적으로 소통을 찾는다. 그래서 사람 인(人) 자가 아니던가. 인간 사회에서 소통은 단순히 얼굴

보고 인사하고, 의례적으로 주고받는 대화가 아니다. 오래 만났지만 때로는 그 사람과 소통이 전혀 이루어지지 않을 수도 있고 잠깐 만났지만 수십 년 동안 만나 온 것처럼 소통이 되는 경우도 있다. 경험해 봤으리라.

『당신은 스토리다』(소담출판사, 2009년)라는 책의 저자 서영아 씨는 책에서 소통을 이렇게 말했다. 소통은 에너지를 교환하는 것이라고. 그러면서 〈카모메 식당〉이라는 영화를 떠올린다. 지상에서 내가 만든 하나의 공간이 누군가에게 주는 일상의 감동에 닿아 있음을 이 영화에서 보았다고 했다. "커피를 마시고 빵을 먹고 따끈한 주먹밥을 먹는 일상의 순간들이 만드는 자와 소비하는 자의 교감으로 이어지고 있었다"고. 이야기는 계속된다. 새로운 사람을 만나 친구가 되는 과정처럼 마음을 읽고 마음을 보여 주면 서로가 공유하는 공간이 생긴다. 아주 작은 것들의 교류이다. 우리는 사소한 것들을 공유하면서 서로에게 조금씩 조금씩 다가간다.

또 인테리어 디자이너 최시영 씨를 인터뷰하면서 "소통이 건축 속으로 쑥 들어온다." 그리곤 최시영 씨를 평해 "사람이 숨 쉬고, 그들의 추억과 문화가 있는 공간을 이야기한다"고 했다. 그러면서 "편견과 오해라는 장벽을 넘기 위해서는 마음과 마음이 흐르는 지점을 알아야 한다. 그것이 이른바 소통의 문제다"라고 이야기한다.

여기서 주시할 것은 소통을 위해서는 공간이 필요하다는 것이다. 마음을 읽고 마음을 보여 주는 공간 말이다. 하지만 아쉽게도 우리의 도시는 지금 그 공간이 부족하다.

잃어버린 친구 '자연' 과 교감을

　도시 소통에 대해 좀 더 구체적으로 이야기해 보자. 도심의 재개발로 사라져 가는 것 중 대표적인 것이 바로 소통, 이른바 커뮤니케이션이다.

　이는 도시 재개발이나 재건축이 풀어야 할 과제이기도 하다. 폐쇄성, 개인의 고립성 등은 정확히 말하자면 비단 재개발이나 재건축의 문제만은 아니다. 아파트로 대표되는 현대 도시 주거의 보편적인 특징이 바로 소통의 부재이기 때문이다.

　도시의 한가운데 건축이 있다. 건축을 빼고 도시를 이야기한다는 것은 어불성설이다. 특히 현대에서는 더욱더 그러하다.

　돌이켜보면 한국의 전통 건축은 자연과의 교감을 지향해 왔다. 특히 우리 조상의 주거문화는 자연과의 소통을 기본으로 했다. 있는 그대로 속에서 넌지시 관조하는 자연, 방과 방 사이의 여닫이문이 그것이다. 흔히 한국과 일본의 전통 건축을 비교할 때 한국은 자연을 있는 그대로 바라보는 건축 구조라고 하고 일본이나 중국은 자연을 내 집 안마당으로 가져온 건축 구조라고 이야기한다.

　대목수 신영훈은 우리의 마당 가꾸기를 일본, 중국과 비교해 이렇게 설명하고 있다.

"일본은 정결한 모래를 정성스럽게 마당에 깔았다. 나무 밑동이나 심은 바위의 가장자리까지 빈틈없게 깔았다. 조금의 차질도 없어야 직성이 풀린다. 맑고 정숙하며 흐트러짐이 없다. 또 중국의 정원은 높은 담장 안에 연못을 파고 파낸 흙으로 가짜 산(假山)을 만든다. 그것에 의지하여 깊은 물속에서 건져서 멀리 운반하여 온 석회석 덩어리를 쌓는다. 뫼가 되고 봉우리가 된다. 반면 한국의 정원을 보면 집은 산을 등지고(背山) 있고 저만큼 흐르고 있는 내를 바라보고 있어서 따로 연못을 만들어야 할 까닭이 없다. 천연 그대로 좋았다. 아니면 약간의 손질이 보충되어도 무난하다. 마당 가꾸는 일은 그 정도로 충분하다고 여겼기 때문이다"라고 이야기하고 있다.

나선 김에 좀 더 나가보자. 우리나라 건축의 독특한 그랭이 공법(혹은 그랭이질)을 보라. 땅에 묻혀 있는 돌을 깨어 내든지 없애 버리는 것이 아니라 살리기 위해 그 위에 그에 맞춘 돌을 형태대로 깎아 완벽하게 접합시키지 않는가? 덧씌우는 돌이 아랫돌을 맞추는 형태다. 고구려에서 시작된 이 공법은 불국사의 축대, 각 사찰의 기둥과 주춧돌에 이어져 내려오고 있다. 또 있다. 기둥의 기초에 쓰이는 돌을 다듬지 않고 자연 상태로 가져다 사용하는 '덤벙주초' 말이다. 덤벙주초 역시 가급적 인위적인 가공을 피하고 자연 상태의 재료를 그대로 사용하려는 한국 전통 건축의 특징을 잘 보여 준다. 있음을 그대로 받아들이면서 자연과 서로 조화를 이루는 형태. 그 본질

우리나라 건축은 전통적으로 자연과 친화적이
다. 돌을 쌓더라도 바닥에 있는 돌을 무조건 빼어
내거나 깎아 내는 것이 아니라 있는 상태에서 윗
돌을 놓는다. 이를 흔히 그랭이 공법이라 한다.
사진은 불국사 석축의 그랭이 공법.

은 바로 자연과의 소통이었다.

자연에서 건축의 영감을 배우고 자연을 소재로 건축을 만든
천재 건축가 안토니오 가우디는 "자연은 신이 만든 건축이며
인간의 건축은 그것을 배워야 한다"고 하지 않았던가. 한국의
전통 건축에는 자연이 있었다.

옛날 시골 마을에는 정자나무가, 동네 빨래터가 소통의 장
이었다. 이곳에서 대화가 이뤄지고 인간의 정이 샘솟았다. 또

도심 내 고지대에서는 비록 가진 것은 넉넉하지 못해도 커뮤니케이션은 존재했었다. 하지만 최근의 건축과 아파트 문화는 이러한 커뮤니케이션 장(場)을 너무 많이 앗아가 버렸다.

이를 단순히 아파트의 어원*이나 아파트의 주기능 탓이라고 돌리기엔 왠지 설명이 부족하다.

소통의 부재는 같은 아파트 내에서도 가능한 한 남과 부딪히기를 꺼리는 형태로 가속화되고 있다. 서울 등 대도시의 몇몇 아파트는 자기 세대만 단독으로 사용하는 엘리베이터도 선보이고 있다.

아파트의 브랜드화로 인해 아파트 사이에도 빈부의 아파트가 등장했다. 이는 가뜩이나 단절된 고소득층과 저소득층 간 대화 단절을 가져오는 요인으로 등장하고 있다.

문제는 새롭게 바뀌는 재개발 지역이 아파트로 변모하면서 소통의 부재 현상은 급속도로 빨라지고 있다는 것이다. 더불어 사는 세상은 더 멀어져 가고 점점 더 삭막한 세상으로 치닫는 현 세태를 고스란히 반영하고 있는 것 같아 안타깝다.

일부에서는 아파트는 기본적으로 동질적 사회·경제적 속성을 가진 사람들이 일정한 공간에 집중적으로 모여 살기 때문에 소통이 불통될 정도로 심하거나 지나친 경우는 많지 않다고 항변한다. 또 남의 관심을 싫어하는 사람들도 있을 수 있지 않느냐고 말한다.

물론 그런 부분이 전혀 없는 것은 아니다. 하지만 문제의 심각성은 고급 아파트일수록 그리고 가면 갈수록 점점 더 외부 세계에 빗장을 굳게 걸고 담*을 높이 쌓는다는 점이다.

실제 지난 2006년 10월 12일자 〈동아일보〉에 소개된 한 빌라촌의 이야기는 우리 사회 불통의 극단을 보여 준다. 2003년에 준공된 서울시 서초동 한 빌라촌은 지하 4층에 입주민 50여 명이 한 달가량 핵무기를 피해 생활할 수 있는 벙커가 설치되어 있다고 했다. 기사 일부를 인용해 보겠다.

2003년 준공된 이 빌라의 지하에는 50여 명의 입주민이 한 달간 핵무기를 피해 생활할 수 있는 벙커(화생방 방공호)가 있다. (…) 빌라는 입구부터 일반인의 출입을 통제하고 빌라에 들어서도 보안카드가 없으면 이동할 수 없다. 벙커에는 빌라 주민들만 대피할 수 있다는 얘기다. 지하 4층으로 내려가 보니 육중한 문이 버티고 서 있었다. 철제문 위에 강화 콘크리트를 덧바른 이 문은 무게가 1t이 넘고 두께도 일반 벽(18cm)의 4배가 넘는 80cm. 핵폭풍에 따른 열과 압력을 차단하기 위해서다.벙커에는 40여

평의 공간에 3층짜리 간이침대 20여 개, 화장실 2칸, 식량
창고 등이 마련돼 있었다. 발전기도 있었다. 전기 공급이
중단되는 사태에 대비해 손으로 기구를 돌려 전기를 생산
할 수 있다.벽체 곳곳에는 방사능 오염물질과 핵먼지(낙
진) 등을 걸러내는 필터와 공기순환시설도 설치돼 방독면
을 쓰고 있는 효과를 낸다. 이 정도면 1945년 일본 히로시
마에 투하된 원자폭탄 15kt(킬로톤 · 1kt은 TNT 1000t의
폭발력) 이상의 위력도 견딜 수 있다는 설명이었다.

해외토픽감이다. 이곳에서 사회의 동질성을 기대하긴 너무
도 어렵다. 이웃과 소통 없이 옆에서 어떤 일이 일어나고 있는
지 모른 채 남남 혹은 타인으로 살아가는 현실. 사람과 사람이
서로 만나 부대끼면서 얻을 수 있는 삶의 가치는 점점 더 멀어
지고 있다.

주역의 「계사전」에 "궁하면 변하고, 변하면 통하고, 통하면
오래 간다(窮則變 變則通 通則久)"는 구절이 있다. 통하지 않
고 막힌 상태란 죽음을 뜻한다.

도시가 온통 막혀 있다. 뚫어야 할 곳은 벽을 만들고 열어야
할 곳은 정작 닫고 만다. 대화가 있어야 할 곳은 고요만이 흐
른다. 건물에도 대화가 필요하다. 통하려면 변해야 한다. 그것
은 도시 건축의 변화로부터 시작된다. 그 변화는 단순한 변화
가 아닌, 변혁이어야 한다. 그래야 인간이 산다. 그래야 자연
이 산다.

건축, 근원으로 돌아가자

도시 이야기를 하면서 건축을 빼놓는다는 것은 '단팥 빠진 찐빵'과 같다. 그만큼 건축은 오늘날 도시를 지탱하는 핵심 가운데 하나가 됐다.

그렇다면 건축(architecture)의 본질로 들어가 보자. 건축의 사전적 의미는 인간의 여러 가지 생활을 담기 위한 기술이나 구조, 그리고 가능을 수단으로 하여 이루어지는 공간예술을 일컫는다. 그러나 어원적으로 접근해 보면 건축은 'arch'와 'tecture'로 이루어져 있다. 여기서 arch는 '근원(arche)', '처음(first)'을 의미한다. tecture는 '덮는다' 혹은 '지붕'이라는 의미니 '근원의 지붕'이 건축인 셈이다. 결국 건축학은 '근원을 공부하는 학문'인 셈이다.

건축가 승효상* 씨는 이에 대해 "건축물을 두고 논할 때 그 건축의 형태라든가 재료, 색채 등 시각적 감지가 용이한 것들이 논의의 중심이 되는 경우가 많은데, 이것은 건축을 옳게 보는 방법이 아니다"면서 "건축은 삶에 대한, 그 삶의 조직인 사회에 대한 사유의 결과로서만 그 존재의 의미를 가지며 이로 인해 그 본질성이 획득된다"고 했다.

또 한양대 서현 교수는 건축에 대해 "건물로 구현된 건축(architecture)은 근원이 되는 기초(arche)를 놓은 것에서 시작하여 지붕(tecture)에서 마무리된다. 그러나 건축의 가치는 기초를 놓기 전에 이미 형성된다. 그 시작이 되는 지점은 건축가의

＊ 서울대학교 건축학과 졸업. 1975년 한국 건축의 거장 김수근 문하에서 건축 실무를 익혔고 15년간 〈공간건축〉에서 국립청주박물관과 서울 경동교회 등의 수석 디자이너를 맡았다. 1989년 독립, 건축사 사무소 〈이로재〉를 운영해 오고 있다. 2002년 국립현대미술관 선정 '올해의 작가'로 뽑혔다. 부산에서는 구덕운동장 옆 구덕교회에서 그의 작품을 만날 수 있다. 최근에는 고(故) 노무현 전(前) 대통령의 묘역을 디자인하기도 했다.

부산시 서구 동대신동 구덕운동장 옆 구덕교회 모습. 건축가 승효상 씨가 설계한 이 교회는 자연 채광창을 통해 강단 아래로 햇살이 내려오는 독특한 형태로 보는 사람의 눈길을 끈다.

머릿속이다. 건축의 의미는 역사와 사회를 묻는 것에서 시작된다. 그것은 바로 무엇인가라고 묻는 것이다. 그 무엇인가가 바로 근원(arche)이다"라고 이야기하고 있다.

두 전문가의 말을 종합하면 건축은 근원을 찾는 것이다. 그리고 그 근원의 기저에는 사회에 대한 사유가 깊게 깔려 있다. 흔히 철학을 '근원에 관해 사유하는 학문'이라고 한다. 그렇다면 결국 건축과 철학은 일맥상통하는 셈이다.

사회에 대한 사유, 우리 건축은 얼마만큼 사회에 대해 생각을 하고 있을까? 우리의 삶터는 상업화된 자본의 힘에 의해 또는 주택문제를 단순히 정책적 차원으로 접근하는 국가에 의해 갈수록 쪼그라들고 있는데….

　건축의 근원에는 분명 인간이 있다. 건축에 있어 중요한 것은 무엇보다 인간적이어야 한다는 것이다. 건축 자체가 비록 현실적이고 물질적이지만 그 바탕에는 자연과 친구하며 휴머니즘이 담긴 작업이어야 한다는 것이다.

　그런 의미에서 보면 건축을 단순히 공학의 한 학문으로 접근하는 것은 옳지 않다. 근원을 공부하는 학문, 사회에 대한 사유 등을 놓고 보면 건축의 본질은 인문학이다. 실제 건축가에게는 문학적 상상력은 물론이고 논리력, 역사에 대한 통찰, 그리고 사물에 대한 사유, 이웃의 삶에 대한 깊은 애정이 요구되기 때문이다.

도시는 유기적 복합체다. 그러니 도시에는 오감이 있다.
시각은 물론이고 청각, 촉각, 후각, 미각이 늘 살아 숨 쉰다.

내가 이야기하고 싶은 것은 바로 이것이다. 지금부터라도 도시 건축에 있어 공학적 접근이 아니라 인문학적 접근이 필요하다는 것이다. 그래서 도심의 건축이 이웃에 대한 깊은 애정과 배려, 자연에 대한 아름다움 등을 일깨워 주었으면 한다. 제발!

잃어버린 오감, 그 찬란한 부활을

도시는 유기적 복합체다. 그러니 도시에는 오감이 있다. 도시도 변화하고 움직이는 생물이니 오감이 있을 수밖에. 그곳에는 시각적인 것은 물론이고 청각, 촉각, 후각, 미각이 늘 살아 숨 쉰다. 문제는 오감의 질이다. 어떤 시각, 어떤 청각, 어떤 촉각이냐는 것이다.

미국의 교육심리학자 해리 팔머(Harry palmer)는 "좋은 영성을 갖기 위해서는 좋지 않는 것은 의식 속에서 지우거나 비워 나가야 한다"고 했다. 이는 현대 도시도 마찬가지. 좋지 않은 오감은 지워 버리거나 좋은 오감으로 재창조해야 한다.

오감 재창조, 그것은 바로 현대 도시가 지향해야 할 '휴먼 네이처(Human Nature)' 다. 부산 북구청에서 인간과 자연이 어우러져 누구나 살고 싶은 도시를 창조한다는 의미로 '휴네이처' 를 도시 슬로건으로 내건 것도 바로 이와 같은 맥락이다. 그러면 도시의 좋지 않은 시각, 청각, 촉각, 후각, 미각은 무엇일까?

도시의 좋지 않은 시각은 건물이 중심이다. 도시의 모습을 그려 보자. 도시의 건물이 먼저 그려진다. 도시의 첫인상은 건물이 좌우한다. 회색빛 콘크리트, 유치찬란한 광고판, 빽빽한 고층 빌딩 숲, 바둑판 같은 획일성 등은 도시가 주는 시각적 이미지다. 이런 이미지는 도시 녹지, 건물의 다양화, 색채의 조화 등을 통해 얼마든지 긍정의 이미지로 바꿀 수 있다.

도시의 좋지 않은 청각은 대표적인 것이 자동차다. 자동차의 경적과 함께 각종 다툼이나 갈등도 이 범주에 넣을 수 있다. 우리는 흔히 이들을 소음이라 한다. 자동차는 나아가 사람과의 만남, 교류의 장도 앗아가 버렸다.

어떤 소리가 기분을 상쾌하게 하고, 어떤 소리가 불쾌하고 부담스러운지 파악해야 한다. 그러면 긍정의 도시는 답이 나온다.

촉각도 마찬가지다. 콘크리트 건물이 주는 질감, 흙이 주는 질감, 잔디가 주는 질감들이 따로 있다. 모든 도시가 시멘트로 채워진다면 그 도시는 불행한 도시가 될 것이다.

후각도 빼놓을 수 없다. 도시에는 아주 많은 냄새들이 서로 충돌한다. 불행히도 대부분 불쾌하고 인체에 해롭기까지 하다. 자동차 매연, 공장 악취, 썩은 음식, 쓰레기, 하수도 냄새 등이 대표적이다. 이런 냄새는 특히 도시를 방문하는 외지인이나 외국인에게 그 도시에 대한 나쁜 인상으로 각인된다. 정작 있어야 할 흙냄새, 숲 냄새는 없고 퀴퀴한 냄새만이 주위를 감싼다. 우리는 이제 어디서 자연의 냄새를 맡아야 하나?

마지막으로 미각이다. 음식이 주는 맛이 아니라 도시가 주는 맛이다. 도시의 맛은 사람들이 함께 부대끼면서 느끼는 것이다. '정이 있는 도시'나 '친절한 도시' 등이 이에 해당한다. 이러한 오감이 확대 재생산될 때 도시문화라는 개념에 가장 가깝게 근접한다. 물론, 도시의 이미지는 사람들에게 이런 오감이 개별 감각으로 다가올 때도 있지만 대부분 공감각으로 각인된다.

자동차나 전자제품처럼 도시가 일반 상품과 똑같이 취급되는 도시 마케팅이 아니라 하더라도 우리는 도시가 오래도록 사람들의 기억에 남을 수 있어야 하며, 생동감이 있어야 하고, 에너지가 넘쳐야 하며, 패션 첨단도시이길 바란다.

그렇다면 당신은 우리의 도시를 어떤 감각으로 각인시킬 생각인가? 물론 도시의 내부자와 외부자의 인식에 차이가 있겠지만 말이다.

도시의 오감은 흔히 도시의 '울림'으로 다가온다. 도시가 지닌 울림이 긍정적이냐 부정적이냐는 시민, 도시계획자, 각계 전문가, 그리고 공무원들의 사고와 생각에 달렸다.*

도시, 경계를 짓다

경계, 그리고 차별

이 세상은 많은 경계들로 이루어져 있다. 성별이나 인종, 민족, 국가, 지역 등 외적으로 명확하게 구분되는 것에서 계급이나 계층 등 경제력으로 구분되는 것까지 우리는 수많은 경계 속에서 살아가고 있다.

그리고 주거문화로 대표되는 아파트도 그 경계 속으로 뛰어들었다. 경계가 꼭 나쁜 것은 아니다. 경계는 '선의의 경쟁'을 유발할 수도 있다. 학문의 영역을 보더라도 철학과 물리학이 서로 상반된 시각을 보이다가 결국에는 정상에서 만나 손을 맞잡는 경우도 있지 않은가. 그래서 흔히 '모든 경계에는 꽃이 핀다'고 했다.

1999년 나온 시집 『모든 경계에는 꽃이 핀다』에 수록된 시인 함민복의 「꽃」을 인용한다.

모든 경계에는 꽃이 핀다

달빛과 그림자의 경계로 서서

담장을 보았다

집 안과 밖의 경계인 담장에

화분이 있고

꽃의 전생과 내생 사이에 국화가 피었다

저 꽃은 왜 흙의 공중섬에 피어 있을까

해안가 철책에 초병의 귀로 매달린 돌처럼

도둑의 침입을 경보하기 위한 장치인가

내 것과 내 것 아님의 경계를 나눈 자가

행인들에게 시위하는 완곡한 깃발인가

집의 안과 밖이 꽃의 향기를 흠향하려

건배하는 순간인가

눈물이 메말라

달빛과 그림자의 경계로 서지 못하는 날

꽃철책이 시들고

나와 세계의 모든 경계가 무너지리라

차이를 인정하는 것, 이 세상의 본질이다. 차이가 없다면 변화도 없고 변화가 없다면 발전도 없다. 경계는 차이가 여러 방식으로 드러난 것일 뿐이다. 문제는 경계 자체가 아니라 경계

도시의 경계는
때론 철조망보다
날카롭다.

를 통해 드러나는 차별이다. 경계를 장벽처럼 인식하는 데서
문제가 발생한다. 경계를 장벽으로 만드는 것은 차이가 아니
라 바로 차별이기 때문이다.

한국은 지역성을 특히 중시한다. 처음 만난 사람에게 대뜸
고향이 어디냐고 묻는 것이 우리네 인사법이다. 그런데 바로
이 때문에 지역은 심각한 사회적 차별의 원천이 되기도 한다.
오죽했으면 혈연, 학연과 함께 '한국의 3대 연줄'이 되었겠
는가.

그런데 여기에 도시의 아파트가 지역과 계층의 의미를 함축
하는 주요 지표(?)로 등장했다면 너무 앞서간 것인가?

하지만 이것이 현실이다. 서울의 아파트 문화를 연구한 프랑
스의 인류학자 발레리 줄레조는 우리나라를 '아파트 공화국'
이라 칭한 바 있다. 2005년 현재 전 국민 가운데 50% 이상

(52.7%)이 아파트에 살고 있으니 틀린 말은 아니다. 통계청 조사에 따르면 2005년 12월 현재 아파트 비율은 광주가 70%로 가장 높으며 그 뒤를 이어 울산이 64.1%, 대전 63.8%, 대구 60.1%, 부산 57.4%, 서울 54% 순이다.

이에 대해 한국인들은 "땅은 좁고 인구는 많기 때문"이라고 대답한다. 하지만 이 말은 설득력이 떨어진다. 좁은 영토에 인구밀도가 높은 네덜란드나 벨기에에서는 도시 집중화가 대규모 아파트 단지 건설을 가져오지 않았기 때문이다.

이쯤 되면 한국인에게 아파트는 단순히 주거의 한 형태에 머물지 않음을 알 수 있다. 돈과 권력이 집중되면서 아파트는 이미 신분의 상징이며 신분 상승의 도구가 되어 버렸다. 단순히 주거공간으로서의 개념이 아니라 자신의 신분을 드러내는 지표가 되어 버렸다.

아파트는 어느 순간 돈으로 변했고 권력으로 드러나 사람들을 구별 짓기 시작했다. 이전에도 초가집이나 기와집은 있었지만 오늘 아파트에 사는 사람들은 자신들도 모르는 사이 평수와 층수에 따라, 혹은 아파트 이름에 따라 서로에게 위화감을 만든다.

서양인의 시각도 별반 다를 게 없다. 프랑스의 사회학자 피에르 부르디외는 고가의 아파트 거주는 사회적 지배계급에 의한 일종의 '구별 짓기(distinction)' 행위라고 하지 않았던가.

1970년대, 80년대까지만 해도 아파트는 중산층이 선호하는 주거 형태가 아니었다. 아파트는 서민을 위한 단순한 주거공간 혹은 작은 평수의 주택에 불과했다. 그러나 80년대 규제 완화와 부동산 투기, 그리고 90년대 신도시 개발을 통해 초고층 고가의 브랜드 아파트가 들어서면서 아파트 사이에 간극이 생긴다.

일반 아파트는 행복한 중산층이 아니라 상대적인 박탈감과 빈곤감에 시달리는 불행한 중산층의 기호로 바뀐다. 반면 고층 혹은 고급 브랜드 아파트는 중산층의 성채, 부유층의 투기 대상이 되어 버렸다.

욕망에 갇히다

도시를 흔히 기억과 욕망의 산물이라고 이야기하지만, 초고층 빌딩처럼 도시의 욕망을 가장 잘 대변해 주는 것은 없을 듯싶다. 문득 구약성서 창세기에 나오는 바벨탑(Tower of Babel)이 오버랩되면서 초고층 건물을 보면 자본의 욕망, 그 끝은 어디인지 궁금하다.

미국 뉴욕 맨해튼의 엠파이어스테이트 빌딩처럼 300m 높이의 빌딩은 이제 세계 주요 도시에서는 일상이 돼 버렸다. 말 그대로 하늘에 닿는 집이란 의미의 마천루(摩天樓).

좀 한다는 도시들은 이제 400~500m는 물론이고 UAE 두바이의 버즈 두바이(162층, 830m 예상)나 알 버즈(200층, 999m)처럼 800m 이상의 건물도 들어설 예정이다. 세계의 도심은 화려한 마천루에 찔려 마치 하늘이 줄줄 새는 듯하다. 욕망은 끝이 없다.

물론 한국에서도 200미터가 넘는 63빌딩(249m)을 시작으로 고층화 대열에 들어서면서 서울 송파구 잠실 제2롯데월드 건물(112층, 550m), 서울 마포구 상암동 상암 랜드마크타워(133층, 640m), 인천 송도의 인천타워(151층, 610m), 부산 해운대

삼성물산이 두바이에 건설 중인 세계 최고 높이의 건물 '버즈 두바이'.

구 해운대관광리조트(117층, 511m)와 월드비즈니스센터(108
층, 432m), 그리고 중구 남포동 부산롯데월드(107층, 510m)
등이 줄지어 들어설 예정이다. 대부분 2010년에서 2020년 사
이에 완공될 예정으로 있어 초고층 빌딩들이 도시마다 빼곡하
게 숲을 이룰 날도 멀지 않았다.

특히 한국은 삼성건설이 두바이에 짓고 있는 버즈 두바이를
비롯해 국내외에서 여러 개의 100층 이상 건물을 짓는 등 초
고층 빌딩 건설의 중심에 있다. 이제 한국을 빼고 마천루를 논
한다는 것이 무의미할 정도이다.

어찌 보면 고층의 선택은 좁은 땅 한국에서는 운명인지 모
른다. 좁은 땅에서 많은 사람이 살기 위해서는 아파트 문화가
발달할 수밖에 없었고 또 토지의 고도 이용이라는 측면에서
보면 고층이 '필수'가 될 수밖에 없었을 것이다.

그러면 초고층은 과연 정답일까?

수평이 현실과 평등을 뜻한다면 수직은 강력한 힘과 권위,
이상과 야망을 상징한다. 창세기에 소개된 바벨탑이 그랬고,
기원전 2500여 년 전 이집트 쿠푸 왕이 쌓아올린 피라미드(높
이 140m 수준)가 그랬다. 중세 유럽 도시의 성당 첨탑도 결코
빠지지 않는다.

하지만 이런 상징성을 떠나 건설사의 입장에서 보면 마천루
는 높은 건설 기술 수준을 상징적으로 보여 주는 기념탑인 셈
이다. 또한 초고층을 지으면서 구조 설계 분야를 비롯한 선진
기술을 배울 수 있는 기회이기도 하다.

초고층 빌딩은 이제 단순한 이미지와 상징성을 떠나 미래의 거주 공간, 기존 도시의 새로운 대안으로 그 중요성이 점점 커지고 있다. 전문가들은 2015년 1천m, 2025년 2천m, 2050년 4천m 높이의 도시형 극초고층 건물을 세울 수 있을 것으로 예상한다. 극초고층 건물은 하나의 건축물이 아니라 인구 수만에서 수십만 명이 거주하는 초거대수직도시라고 할 수 있다. 기존의 수평적 도시 배치로 발생하는 거주 공간의 부족과 환경오염, 에너지 낭비 등을 해소하는 새로운 '미래형 친환경 생태도시'가 탄생하는 것이다.

수직을 향한 이러한 인간의 욕망은 오늘날 초고층 빌딩의 경쟁으로 계속 이어지고 있다. 특히 최근 들어서는 인구 과잉으로 누적된 도시 문제를 수직적 공간 활용으로 해소하는 '에너지 절감 친환경 생태도시'의 모색이라는 차원에서 초고층 빌딩이 새롭게 부각되고 있는 것도 사실이다.

실제로 몇 년 전의 일이다. 당시 부산 수영구청의 곽영식 도시계획국장(현재 부산시청 도심재생과장)은 "바둑판 같은 획일화된 아파트 단지를 없애고 녹지 공간을 좀 더 많이 확보하기 위해서는 특정 지역의 건물을 초고층화할 필요가 있다"고 강변했다. 건물을 높이 압축해 짓고 주변을 녹지화하기 때문에 친환경적이라는 설명이다.

대부분의 국가나 국내 지자체들이 마천루 건설의 명분으로 내세우는 것은 경제 위기 상황에서 대규모 일자리 창출과 랜드마크로 도시 이미지를 높여 관광객을 유치할 수 있을 것이라는 장밋빛 전망에서 비롯한다.

그런데 정말 그럴까? 초고층 빌딩은 지금의 도시 건축 형태가 변하지 않는 한 커뮤니케이션의 단절을 야기한다. 여기에 도시경관 훼손, 교통·환경 문제, 여기다 미분양 문제까지 부작용은 만만찮다. 당장 초고층 건물이 도시 경쟁력을 높이는 것처럼 보이지만 이는 환상일 뿐이다. 특히 초고층은 공사비가 일반 건물에 비해 배 이상 더 들어간다. 그렇다면 임대료가 배나 더 비싼 곳을 찾는 기업은 결코 많지 않을 것이라는 것은 불 보듯 뻔하다.

이외에도 있다. 환경운동연합의 조사 자료를 보면 30층 이상 고층 빌딩의 건축 면적당 온실가스 배출량은 25층 이하 건물의 3배에 이르는 것으로 나타났다.

아직 사회문제로 나타나진 않았지만 고층에서 거주하면서 발생할 수 있는 질병, 소위 고층병도 있을 수 있다. 물론 없어야 할 일이지만….

우리나라의 경우 고층 건물과 건강과의 관계에 대한 연구가 아직은 많지 않지만 전 세계적으로 알레르기, 바이러스성 질환, 스트레스 등 정신적 질병과 불쾌감 등과 같은 일종의 빌딩 증후군(SBS: Sick Building Syndrome)으로 불릴 만한 여러 가지 증상이 증가하고 있음은 명백한 사실이다.

도시와 인간의
관계를 캐다

공공공간의 빈약함이여

'뿌리를 내리고 산다'는 말이 있다. 우리 조상들이 그 지역에 대한 가문의 자긍심을 내세울 때 흔히 하는 말이다. 하지만 아쉽게도 이제 한국의 도시에서는 이 말에 대한 존재 이유를 잃어버렸다.

전국의 모든 도시가 아파트로 채워지고 있다. 서울이나 부산에 가면 비슷비슷한 아파트 단지가 너무 많아 어디가 서울이고, 어디가 부산인지 구분이 가지 않을 때도 있다. 시대적인 유행에 의해 모든 지역이 비슷비슷한 아파트 단지를 가지게 된 것이다.

또 최근의 아파트 재개발이나 재건축처럼 기존의 장소의식을 잃어버리는 경우, 그곳에서 추억을 찾는 것조차 힘든 일이

됐다. 여기다 최근 아파트 소비자들의 취향이 경관이나 기호, 외양, 브랜드 등의 유행에 민감하다 보니 예전처럼 한마을에서 뿌리를 내리고 사는 것은 더더욱 기대할 수 없게 됐다. 한 아파트에서 20년, 30년을 사는 것도 이젠 찾기가 힘들 정도다. 『아파트 공화국』의 저자 발레리 줄레조가 "서울은 하루살이 도시가 될 것"이라고 한 말이 결코 틀린 말이 아니다.

현대의 도시는 겉으로 보기에는 대단히 화려하다. 경관적이고 장식적이고 기호적이다. 아직도 아파트의 평면구조나 설비, 마감재 등이 주 관심사이지 않은가? 하지만 겉만 번지르르할 뿐 내면은 허전하다. 전문가들은 그 바탕에 "서양의 경박한 포스트모던 건축*이 도사리고 있다"고 말한다. 그래서 더 허하다.

최근에 선보이는 아파트들은 단지 내에 골프코스, 헬스장, 수영장, 각종 놀이터, 조깅코스가 있지만 이는 가시

* 포스트모던 건축은 근대건축이 추구한 단순성과 순수성의 허구를 지적하면서 역사성과 문화가 반영된 복합성과 다양성을 내포한 건축을 지향했다. 하지만 양상이 단편적인 콜라주 상태에 머무르고 있기 때문에 어떤 미학적 원리에 의한 통합된 상태에 도달하지 못하였다. 특히 공간과 구조, 기능의 창조적 해결에 대한 보다 깊이 있는 관심이 미흡했다.

홍콩의 한 아파트에 있는 간이 수영장. 이는 자기 과시적인 부와 명성에 대한 커뮤니티 수단일 뿐이다.

적인 부와, 명성에 대한 커뮤니티 수단일 뿐이다. 다분히 의도적인 목적을 위한 생활이다. 산책 중 만남이나 잠깐의 휴식 등 의도하지 않은 우연한 일상 속에서 생기는 진정한 커뮤니티는 쉽게 찾을 수가 없다.

아파트 단지는 주거의 집합체이다. 그럼에도 불구하고 외부공간, 공공공간에 대한 인식은 부족했다. 한마디로 공공공간의 빈약이었다. 이는 도시기반시설에 대한 공공 투자 없이 사적 투자에 의존한 개발 방식의 결과다. 사유(私有)공간에 대한 관심은 갈수록 높아지고 있지만 공공에 대한 관심은 상대적으로 소홀했다. 아파트 단지라는 큰 틀 속의 사유공간 내에서도 전용공간에 비해 공용공간을 상대적으로 소홀하게 취급하는 일종의 사유화(privatism)의 표출이다. 아파트 문화로 대변되는 도시, 우리의 삶터가 상업화된 자본의 힘, 정치논리, 경제논리에 의해 죽어가는 것을 더 이상 두고 볼 수는 없다.

도시공간의 불평등

우리의 삶에 있어 주거 문제는 빼놓을 수 없는 본질이다. 의식주 문제, 생존을 위한 본질 말이다.

그러나 어느 순간 주거는 생존의 문제를 넘어 너와 나를 구분 짓는 말, "OOO 아파트에 살아요"는 차별의 대명사가 되어버렸다. 우리가 흔히 말하는 경계는 바로 이 차별의 형식이다.

이렇게 거주지에 따라 신분 계층이 구분되고 생활수준이 평가된다. 집은 더 이상 즐김의 대상이 아니라 비교와 평가의 대상이 되어 버렸다. 사람이 인격을 가진 것처럼 거주지도 연상 이미지를 가진 채 발전한다(이미 우리 사회는 좋은 의미든 나쁜 의미든 그 사람이 살고 있는 아파트나 자가용으로 평가하는 시대가 되어 버렸다). 건축가 정기용은 이를 두고 "사람들은 더 이상 동네에 살지 않고 대기업의 이름에 살고, 집에서 살지 않고 면적 속에 갇혀 있으며, 삶을 살고 있는 것이 아니라 돈을 살고 있는 셈이다"라고 했다.

고급 아파트 단지는 이제 성채처럼 자신만의 공고한 공간일 뿐 더 이상 외부와의 사회적 커뮤니케이션은 기대하지도, 필요하지도 않는다. 대규모 건설 기업은 브랜드 아파트를 내세워 그 꿈과 욕망을 부추기고 있다. 오죽했으면 아파트 브랜드에 캐슬(castle)이나 팰리스(palace)라는 이름까지 나왔겠는가. 실제로 바다에서 바라본 부산의 유명한 대단지 아파트들의 모습은 거대한 성(城) 같다. 나만의 공간은 극대화하고 남과의 공간은 아파트 저편에 있다. 내 집 내 건물에서 한 발만 비켜나면 공공공간은 아무도 책임지지 않는 버려진 공간으로 남는다.

이같이 세계에서 유례를 찾기 어려운 한국의 아파트 열풍을 발레리 줄레조는 한국의 압축 성장과 정부와 건설 재벌, 중산층의 동맹으로 설명한다.

한국에서 아이의 미래는 어느 지역의 어느 아파트에 살고 있는가에 달려 있다는 말은 이를 방증하고도 남는다. 브랜드 아파트의 가격은 치솟지만 일반 서민 아파트의 가격은 꿈쩍도 하지 않는다며 '빈익빈 부익부 현상'을 들먹이는 것조차 옛 이야기가 됐다.

주거와 교육이 맞물리면서 아파트는 시세로 표시되는 단순한 부동산의 가치를 넘어선다. 학력자본이며, 사회자본이며, 문화자본이다. 이제 아파트는 유명 학원가에 둘러싸여 있고 같은 신분끼리만 사귀고 교제하며 사회적 네트워크를 형성하고, 같은 헬스클럽과 문화센터를 다니며 교양을 쌓는 그들만의 성채가 되어 버렸다. 공간의 신분적 차별화다.

그 결과 주거의 양극화는 교육의 양극화로, 마침내는 미래 세대 전체의 양극화로 이어지고 있다. 주거로 인한 공간적 불균등은 이제 계층 양극화와 더불어 심각한 도시 문제가 됐다.

남북으로 쪼개지고, 동서로 갈라지고, 여기에서 더 모자라 빈부로 경계를 만든 한국.

이런 세태에 건축가 승효상 씨는 한 일간지 신문과의 인터뷰에서 '빈자의 미학(Beauty of Poverty)'으로 충고한다. "돈이 있다고 마음대로 사는 것이 아니라 스스로 절제하고 검박한 사람들, 집을 지을 때도 남보다 작은 집을 짓고, 남하고 나눌 수 있는 집을 지으려고 하는 게 빈자의 미학"이라고. 그는 덧붙인다. "비록 개인이 자비를 들여 자신의 집을 짓는다 해도 건축주는 건물에 대해 사용할 권리만 있을 뿐 건축물 자체에 대한 소유권은 사회와 시민에게 있다"고.

이런 구획과 경계에서 먼저 벗어나야 한다. 2년 전 일본 록본기(六本木)힐스를 방문한 적이 있다. 일본에선 성공한 재개발 지역으로 손꼽히는 곳으로 일본인뿐만 아니라 외국인들의 발길이 끊이지 않는 곳이다.

한국의 재개발과 확연히 다른 그 무엇, 바로 나를 사로잡은 것은 록본기힐스의 개방성이었다. 우리는 아파트를 짓고 나서도 아파트 주변에 경계를 만드는 것부터 먼저 한다. 최근에는 아파트의 담을 허무는 등 일부 개방성이 나타나고 있으나

일본의 대표적 도시 재개발 지역 록본기힐스. 록본기힐스는 물리적 경계가 잘 느껴지지 않는다. 특히 열린 공간 '아리나' 는 록본기힐스만의 공간이 아니라 도쿄 시민을 위한 공간이다.

아직도 갈 길은 멀다.

　록본기에는 물리적 경계가 없다. 누군가가 특정 지역을 가리키며 "여기서부터 록본기 재개발 지역입니다"라고 말해야 겨우 구분이 갈 정도다. 록본기는 아파트, 호텔, 쇼핑 타운 등으로 이루어진 복합 재개발 지역이다. 거의 한 곳에서 원스톱 쇼핑이 가능하다. 여기까지는 여느 복합 타운과 크게 다를 바 없다.

　하지만 이곳만의 차별성은 입주민은 물론이고 인근 주민들에게 개방된 오픈 공간 '아리나'가 있다는 점이다. 이곳에서는 세계적인 배우나 가수들도 찾아와 공연을 하고 간다. 길 가는 사람들이 보면 '아, 항상 저곳에 가면 뭔가 볼거리가 있겠구나' 하고 느낄 수 있다. 열린 공간이요, 받아들임(수용)의 공간이다.

텃밭, 그리고 모나리자의 미소

　이제 우리의 도시 재개발도 이런 열린 공간으로 바뀌어야 한다. 우리 안마당의 문화가 도시의 문화가 되고, 도시의 문화가 우리 안마당 속에서 이루어져야 한다. 소중한 것은 도시에서도 동네와 동네 사람이라는, 예전 그 어울림의 환경을 만들어 내야 한다. '정이 메마른 사회'도 우리 하기에 달렸다. 지금이라도 늦지 않았다. 다시 나눔과 소통의 문화로 돌아가자.

바야흐로 주거가 공간의 영역을 넘어서 문화의 영역으로 의미 진화를 하고 있는 시대에 우리는 살고 있다. 외부공간을 단순히 녹지로 꾸미고 조각공원을 만든다고 단절된 소통이 이어지는 것은 아니다. 특히 그것이 비용과 분양가만 올리고 생색내기에 그칠 때는 말이다. 그곳에는 문화적 상상력, 사물에 대한 깊은 이해, 이웃과 인간에 대한 애정과 존경이 있어야 한다.

그런 의미에서 캐나다 밴쿠버 도심에서 불고 있는 '텃밭 가꾸기'는 좋은 사례가 될 수 있다. 무엇보다 시민들이 밭에서 얻는 채소보다 더 값진 수확은 이웃과의 대화와 소통이다. 이들은 밭을 가꾸며 서로의 정보를 공유하고 서로를 알아 간다. 단순히 아파트 단지 내에 흉내 수준의 미니 공원을 만드는 것보다 훨씬 더 값질 수 있다. 이런 분위기를 타고 밴쿠버에서는 텃밭 수요가 점점 늘고 있다고 한다. 밴쿠버에서는 건물 신축 시 녹색 지붕, 소형 공원 설립 등 30%의 녹지 환경 조성이 규정에 포함돼 있다.

우리가 배워야 할 곳은 너무도 많다. 일본 도쿄 도심 긴자에서 약 5km, 군수공장터였던 매립지 고단 시노노메의 16만m²는 10여 년 전만 해도 사람이 살 수 없는 곳이었다고 한다. 그러나 이곳은 신도시로 바뀌었다. 일본의 공영주택공사인 UR도시기구가 2003년부터 2천 채 규모의 임대주택 단지를 지었다.

핵심은 설계. 원룸, 복층, 사무실 겸용 주택, 별실이 딸린 주택 등 모두 250가지 형태의 집으로 지은 것이다. 대성공이었다. 첫 입주자 모집 결과 20대 1의 경쟁률을 보일 정도였다. 6명의 건축가들이 설계한 이들 집이 표방하는 것은 밖을 향해 열린 집 그리고 획일성에 대한 과감한 도전이었다. 한마디로 '기본적인 표준세대에 대한 탈출'이었다. 가장 큰 변화는 두 개 층을 수직으로 뚫은 공용 스페이스(열린 공간)인 커먼 테라스가 건물에 구멍을 내듯 각 층에 열려 있다는 점이다.

성공했을까? 어찌 됐건 고단 시노노메에서는 다른 지역에서는 볼 수 없는 광경이 자주 확인된다고 한다. 커먼 테라스에 맥주파티가 열리고 간장이 떨어지면 옆집 문을 두드리는 현상 말이다. 이것이 소통이다.

아파트 주민이 직접 놀이터를 주민 취향에 맞게 만드는 것과 같은 손쉬운 실천도 있다. 주민들이 직접 설계하고 타일을 붙이는 작업을 하면서 닫혀 있던 아파트 문화에 소통의 꽃이 핀다. 주민들이 직접 참여하고 자기 자신과 주민들의 편의를 위해 노력해서 만든 가로공간은 부지불식간에 모두가 함께 이용하는 공동체적인 장소로 바뀐다.

흔히 소통의 부재를 극복하기 위한 방안으로 물리적 경계를 없애는 것 말고 사회계층 간 주거혼합의 소셜 믹스(social mix)를 이야기하곤 한다. 하지만 말처럼 쉽지 않고 오히려 갈등의 골을 더 깊게 만드는 경우가 많았다. 실제 사회계층 간 강제적 주거혼합은 상대적 박탈감만 더 부추기고 과도한 경쟁사회를 부추길 수 있기 때문이다. 과거 정부가 재개발 지역에 강제 의무조항으로 8%의 임대아파트를 짓게 한 것은 지극히 이분법적 접근이다. 또한 다분히 형식적이다. 입주자들의 입장에서 생각해 보면 상대적 박탈감만 부추길 뿐이다.

세상에는 붉거나 푸른색만 있는 것이 아니다. 그곳에는 녹색이 들어설 공간도 없고 회색이 들어설 공간도 없다. 붉다고 해서 붉은 것만 있는 것도 아니다. 불그스름하기도 하고 때론 푸르스름하기도 하다.

우리 사회를 바라보는 기본적인 인식이 틀렸다는 것이다. 우리 사회에 대한 조금 더 진지한 고민이 있었다면 '8% 임대아파트' 정책은 결코 나오지 않았을 것이다. 물리적인 '따로 또 같이'는 너와 나의 '차이'를 넘어 '차별'을 강요하는 결과를 초래할 수 있다.

그러면 우리 사회를 어떻게 만들어야 할까? 그 해답을 '모나리자의 미소'에서 찾아보면 어떨까. 색과 빛으로 구현되는 것이 그림이다. 레오나르도 다빈치의 명작 「모나리자」의 진정한 가치는 색의 윤곽을 경계가 없이 애매하게 처리하는 초정밀 붓질인 스푸마토(Sfumato)기법으로부터 비롯한다고 할 수 있다. 다빈치는 이 작품에서 인간의 표정을 결정하는데 가장 중요한 부위인 눈초리와 입가를 이 색도 저 색도 아닌 흐릿하게 처리해 모델의 미묘한 표정을 만들어 냈다. 그게 바로 '모나리자의 미소'다. 그곳에 색의 경계는 없다.

희망을 향한 움직임

소통 단절에 대한 대안은 없을까? 국내외적으로 주목하는 것은 공동주거다. 공동주거는 사적 생활과 공동체 생활의 절충이라고 보면 된다. 공동주거의 대표적인 모델은 시골의 오랜 마을 단위 개념에서 찾을 수 있다. 시골의 마을 형태가 공동의 개념 속에서 발전된 형태라고 보면 쉽게 이해될 것 같다. 60~100가구 정도로 구성되는 공동주거에서는 텃밭이나 공동주거시설 등의 공유공간이 있는 것이 특이한 점이다. 공동공간은 일종의 나눔과 사귐의 장소인 셈인데 이곳에는 생일잔치나 마을 회의 등의 용도로 사용되면서 동시에 대형 주방이나 공동세탁실, 손님을 접대하기 위한 사랑방 등으로 사용할 수 있다.

공동체 속에서 소통의 움직임은 오래전부터 진행돼 왔다. 대표적인 것이 안양 아카데미 테마타운과 서당골이다. 안양 아카데미 테마타운은 아파트 단지처럼 조성되어 있으면서 조직이나 시설을 통해 공동체 생활을 꾸려 나가고 있다. 장을 한꺼번에 본 뒤 나누어 사용한다든지 가끔씩 서로 모여 식사를 하거나 담소와 술자리를 갖기도 한다. 하지만 초창기의 공동주거의 뜻을 이루지 못하고 이제는 일반 주거지 형태로 변화됐다고 한다. 서당골 또한 소통 단절에 대한 대안으로 새로운 도시 주거문화를 만들기 위해 조성됐다. 1983년 설계돼 8가구가 단독주택 450평(약 1천500m²)을 공동 구매한 뒤 입주, 자가 개발 사업의 주체가 되어 통합 개발됐다. 이 단지의 가장 큰 특징은 공동 정원이다. 100~150평 정도 규모로 정원을 만들어 공동 행사, 아이들의 놀이터로 사용했지만 이 역시 현재 이러한 이념과 활동이 마비된 상태라고 한다.

이 외에도 초록마을, 건축인 마을, 음악인 마을, 사진기자 마을, 연예인 마을 등이 있지만 대부분 실질적인 소통보다는 단순히 동호인 주택에 가까운 것이 많다.

도시 내 공동체 활동은 우리네 주택공급이 아파트라는 공동주택으로 일반화되면서 좋은 아파트를 만들자는 기치를 내걸고 시민운동 차원에서 전개되기도 했다.

예컨대 1998년 2월 참여연대는 아파트공동체연구소 출범과 함께 그동안 좋은 아파트 만들기 또는 살기 좋은 아파트 만들기 등의 형식으로 운동을 진행하던 시민사회 진영에 구체적인 쟁점을 만들어 냈다. 실제로 아파트 관리비 부정비리, 아파트 하자 문제, 관리비 절감 방법 등이 진행됐다.

한국의 무분별한 아파트 공급은 핵가족화 문제는 기본이고 대화의 단절, 소통의 부재 등 그 이상의 문제를 초래하고 있다. 그러나 도시공동체의 모습을 보여 주는 공동주거는 구성원 간의 상호작용과 역동적 관계를 형성할 수 있는 공간적 특성을 보여 준다. 친환경적 주거공간과 더불어 사적 생활 보호와 동시에 공동체성을 유지할 수 있는 공동주거가 도시의 주거공간 형성에 새로운 패러다임을 제시할 수 있을지는 고민되어야 할 것 같다.

외국의 경우를 보자. 덴마크의 '뭉케쇠가르'는 바로 공동주거를 실현하고 있는 대표적인 모델이다. 뭉케쇠가르는 덴마크 코펜하겐에서 차로 약 1시간 30분 정도 거리의 로스킬데 토레크로너(Roskilde Trekroner)에서 1.6km 떨어진 작은 전원마을이다. 환경적으로 지속가능한 공동체를 창조해 보자고 조성된 생태마을이자 공동주거이다.

뭉케쇠가르는 1995년 3월에 몇몇 사람들이 코펜하겐에서 생태마을을 설립할 목적으로 〈코보〉라 불리는 작은 협회를 설립하면서 시작되었다. 1996년에는 '두레니엘슨'과 '루보'라는 건축가가 함께 협력을 하였고, 후에 〈세네지아〉와 〈위센버그라〉라는 엔지니어링 회사와도 협력, 1997년에 공동체를 위한 설계안을 마련했다. 이런 과정을 거치면서 1997년 봄에 〈코보〉가 해산되고 새로운 공동체인 '뭉케쇠가르'가 탄생했다.

1996년 공동주거에 대한 관심을 가진 작은 조직에서 최초 논의가 시작돼 2000년 건축이 완성되어 입주하기까지 약 6년 가까이가 소요되었다.

뭉케쇠가르 공동주거는 비교적 고학력자들인 30대에서 50대까지의 전문가들이 많이 거주하기 때문에 일반 덴마크인들과 비교할 때 소득수준이 비교적 높은 편이다.

마을 전체는 건축가와 엔지니어에 의해 계획되었고, 모든 주요 건물은 전문 건설회사에 의해 만들어졌다. 내부 인테리어는 주택 소유자들의 몫으로 남겨 두었다. 모든 거주자들은 작은 테라스 혹은 정원을 소유할 수 있고, 주택의 거주평수는 33㎡가 가장 작고, 대체로 64~74㎡로 구성되어 있는데, 자가 소유자들의 거주 평수는 주로 100~120㎡이다.

공동주거의 모든 공동 활동은 마을 중앙의 농장에서 계획되며, 공동주거 주변 지역 24ha(약 7만 2천 평)에는 유기농법에 관심이 있는 마을 사람들을 위해 유기농장을 마련해 놓고 있다. 또한 뭉케쇠가르에는 가구마다 필요한 텃밭을 가꾸게 하고 유기농을 하는 농부가 마을 주민들에게 작물을 공급하고 있다.

도심 속 동네, 일본 도쿄 세타가야의 모습은 어떨까?

세타가야는 주민의 힘으로 마을 만들기를 해 도쿄 도심 속에서 자연 즐기기를 실행한 곳이다. 70년대 중반 지저분한 동네를 관청이 정비하려고 했을 때 그냥 놔두었다면 이곳은 큰 빌딩들이 들어서는 도심화로 이어졌을 지역이다. 하지만 동네 주민들은 스스로 동네를 가꾸어 지금은 구 전체를 두르는 가로수길과 130여 개의 쌈지 공원, 조각공원, 놀이터 등이 만들어졌다.

그러나 눈에 보이는 이러한 현상보다도 더 소중한 것은 삶의 질에 대한 도시 주민들 간의 소통이다. 세타가야는 미래의 도시 환경이 나아가야 할 방향성을 제시했다는 점에서 의미를 갖는다.

도시와 건축, 어울림을 찾다

'바둑판 유희'에 도시가 운다

기억1: 섬진강을 따라 흐르는 19번 국도의 직선화를 놓고 환경단체와 지자체가 갈등을 빚은 적이 있다. 하동군에서는 벚꽃이 필 무렵이면 도로 정체가 나타나는 이 국도를 직선화하고 더 넓히자는 것. 반면 환경단체는 안 된다고 반대했다. 지금은 환경단체의 반대에도 불구하고 일직선으로 길이 나 있다. 과연 당신의 생활의 질은 높아졌습니까? 되묻지 않을 수 없다.

일직선으로 난 길을 달리니 주행 시간은 단축됐다. 하지만 구불구불한 국도변에서 느끼는 정감은 이제 더 이상 찾을 수 없다. 비단 19번 국도만 그런 것은 아니다. 이 나라의 도로 곳곳이 빠름을 이유로 획일화되고 있다.

2008년 12월 개통한 부산~울산 간 고속도로를 보자. 끝없이 펼쳐지는 직선, 수평을 이룬 도로, 솔직히 차를 운전하는 입장에서는 '씽씽' 달릴 수 있어 좋을지 모르지만 자연을 거스르는 도로임은 분명하다. 예전에는 산이 있으면 가급적 돌아갔다. 하지만 기술의 발달로 인해 옆으로 비켜가는 것보다 곧바로 터널을 뚫으면 경비가 절감된다고 무조건 터널을 뚫는다. 자연에 대한 겸양이나 배려는 어디에서도 찾을 수 없다. 아니 잊은 지 이미 오래다. 오만함이 극에 달했다.

기억2: 내 기억 속 아파트는 예전에는 성냥갑이었고 지금은 바둑판이다. 과거 성냥갑의 의미는 좁다는 뜻이 강했지만 바둑판의 의미는 획일화의 뜻이 강하다. 어느 순간 삶이 이루어지는 우리의 공간은 산업화 물결 속에 획일화되었다. 아파트 문화 속에 우리네 주거공간은 개성을 상실해 버린 것이다. 본래 일상 공간은 질서로부터 이탈의 세계를 창의적으로 만드는 프랙털적(그 구조는 부분과 전체가 유사한 특성을 갖고 있는 새로운 질서의 종류 즉 메타패턴을 말한다)이었고, 질서 속의 무질서, 카오스(Chaos)였다. 왕궁 주변이나 주작대로를 제외하곤 질서정연한 바둑판이나 유클리드 기하학과는 거리가 멀었다. 그러나 우리의 일상도 주거도 이젠 획일화돼 버렸다. 특히 재개발 재건축 단지는 예외가 없다.

분양 당시 부산지역 최대 재건축 아파트였던 부산 금정구 구서동 롯데 캐슬이나 동래구 사직동 쌍용 예가의 경우 동수와 층수, 평수만 바뀌었을 뿐 옛날과 크게 달라진 것이 없다. 달라졌다면 고급화된 현대식 건물뿐. 이는 다른 재건축 아파트나 재개발 지역도 별반 다를 게 없다. 배드민턴 경기장, 탁구장, 헬스장, 골프연습장, 수영장 등 다양한 커뮤니티 시설을 뽐내며 "우린 다른데"라고 소리치고 싶겠지만 오십보백보다.

바둑판처럼 획일화된 아파트는 사람 사는 냄새와 따뜻한 온기마저 가져가 버렸다. 사람은 살고 있되 사람 냄새 나지 않는 공간이 돼 버린 것. 이게 현실이다.

그러나 일각에서는 이를 두고 개발이니, 발전이니라고 말한다. 그렇다면 이게 정말 발전이고 개발일까? 획일화된 공간은 획일화된 삶을 강조한다. 삶도 자연 무미건조할 수밖에 없다.

너 속에 나 있다

도심의 재개발과 재건축은 차분히 걸어가며 사람의 온기를 느끼고 자연의 숨소리를 이젠 더 이상 들을 수 없게 만들어 버렸다. 어느 순간 자연의 선, 곡선은 하나둘 없어지고 인위의 선, 직선은 천지로 넘쳐난다.

직선이 인위적인 선이라면 곡선은 우리 민족의 선이요, 자연의 선이다. 우리가 흔히 사용하는 '곱다' 라는 말도 어원적으로 '고부라져 있다' 라는 말에서 오지 않았던가.

실제로 우리는 곧은 직선보다는 구불구불한 길이나 산의 굽은 능선을 바라보면서 마음의 편안함과 아름다움을 느낀다.

우리의 눈을 이끄는 자연의 아름다움 속에도 곡선의 형태가 대부분이다. 태극의 문양이 그렇고 버선의 코가 그렇고 사찰의 지붕*과 처마가 그렇다. 경북 경주 내남면 비지리나 전남 완도군 청산면 청산도, 경남 남해 가천의 다랑이논이 그렇다.

다랑이논을 흔히 천수답이라 불렀다. 비가 오거나 산물이 흘러야만 농사가 가능한 것이 천수답이다. 남해 가천의 다랑이논이

* 이화여자대학교 건축학과 임석재 교수는 그의 책 『 '우리 옛 건축과 서양 건축의 만남』 (대원사, 1999년)에서 한국 전통 건축의 멋은 지붕과 처마에 있다고 했다. 그는 표현하길, 한국의 지붕은 옷깃을 여미도록 장엄하면서도 이내 편안한 미소를 자아낼 만큼 경쾌하다. 또 마치 한복의 소매 끝처럼 은근한 곡선을 그리며 살며시 올라가 있는 처마도 가까이 다가가 모서리에서 올려다보면 하늘을 향해 긴박하게 열리며 사선과 예각의 흥분감을 느끼게 해준다고 했다.

전남 완도군 청산면 청산도의 다랑이논. 논이 만드는 곡선에서 자연을 본다.

관광 상품화가 된 것은 그곳에 자연이 숨 쉬고 있고, 우리의 가슴은 자연이 그립기 때문이다.

외국의 건축가들이 우리의 사찰 처마의 자연스러운 곡선에서 자연미를 찾지 않는가. 중국이나 일본의 사찰에는 곡선이 아니라 직선이다. 처마의 좌우 끝은 앞으로 나오고 중앙 부분은 안으로 휘어들어가 있다. 목수들은 이를 두고 "안허리가 잡혔다"고 한다.

직선은 권위가 있지만 곡선엔 권위가 없다. 부드럽다. 권위가 없으니 자연 소통이다. 소통 말이다. 곡선은 아름답다. 아니 아름다운 선이다. 그런데 이 아름다운 선이 곳곳에서 사라지고 있다. 아름다운 선이 사라지고 있는데 어디서 아름다움을 찾을 것인가. 곡선의 아름다움을 간직한 초가집은 새마을 운동으로 사라지고 우리의 전통 한옥도 재개발에 밀려 하나 둘 사라지고 있다.

곡선은 자연의 선이다. 자연의 선이 사라지는데 어디서 자연을 찾을 것인가. 곡선은 지극히 인간적이다. 자기의 주장을 굽힐 줄도 알고 피할 줄도 안다. 곡선이 사라지는데 어디서 인간의 온기를 찾을 것인가.

수년 전 스페인 바르셀로나를 방문한 적이 있었다. 그곳에서 스페인의 천재 건축가 안토니오 가우디를 만났다. 사그라다 파밀리아 성당과 그가 남긴 수많은 건축물들. 그가 남긴 건축물 곳곳에 곡선의 선, 자연의 선, 인간의 선이 있었다. 나는 그것을 보면서 온몸에 전율을 느꼈다.

잠시 우리의 도시 건축물을 바라보라. 모든 것이 직선이다. 곡선의 아름다움은 쉽게 찾을 길이 없다. 우리 조상의 선은 사라지고 획일적인 선만이 난무한다.

이제 직선의 공간을 곡선으로 되돌리자. 미국의 유명 건축가 대니얼 리베스킨드가 부산 해운대구 수영만 매립지에 '해운대 아이파크'를 곡선으로 설계했듯이 우리가 살아가는 공간에서 사람의 온기를 느끼고 사람들과 소통하는 공간으로 만들어 나가자.

더불어 지난 세기 우리를 지배해 온 직선적 사고의 패러다임에서 이제 원형적, 곡선적, 순환적 사고 패러다임*으로 바꿔가야 한다. 그런 의미에서 이젠 바둑판의 유희를 끝낼 때가 됐다. 직선의 난무에 종언을 고할 때가 됐다.

조금 더 현실적으로 접근해 보자. 생각 없이 마구 지은 고정된 사각형의 건물, 똑같은 모양의 각진 창틀은 성장기 어린이들의 정신 발달과 창조적 사고력 확장에도 다양성을 제공하지 못한다. 나이가 들면서 다양한 것을 보고 기억력을 되살리거나 보충해야만 할 연세 드신 분들의 정신 건강에도 이롭지 못하다. 똑같은 모양, 너무도 높은 크기, 비슷비슷한 색채의 아파트만 봐도 현기증이 일어날 것 같다고 한다. 그 집이 그 집 같아 실수하기 딱 좋다. 술 취한 사람이 자기 집을 찾지 못하고 남의 집에 들어가 실수하는 경우가 비일비재하지 않은가?

CASA BATLL
ANTONI GAUDÍ

가우디 건축의
진수를 느끼게
해 주는 대표
건축물들.

도시와 문화,
그 관계를 말하다

스토리의 힘, 삭막한 도시의 탈출구

이야기(Story)가 없는 도시는 죽은 도시다. 이야깃거리(스토리텔링)는 건축을 세우는 것보다 더 중요할 수 있다. 스토리텔링이란 관광홍보의 새로운 트렌드로, 단순하고 일방적인 정보 제공이 아니라 숨은 이야기를 찾아내 관광객과 공감대를 형성하고 재미와 감동을 더하는 방식을 말한다.

도시에 이야기가 있으면 이는 나아가 도시의 브랜드가 되고 문화가 된다. 한국 도시에 있어 가장 큰 결점 중 하나가 바로 이야기의 부재다. 더 정확하게 꼬집어 말하자면 이야기는 있는데 이것을 만들어 소개하는 기술이 부족하다.

싱가포르에 가면 건축마다, 거리마다 이야기로 넘쳐난다. 이 건축은 어떻고 저 건축은 이렇다며 잔뜩 의미 부여를 해 놓고 이야기를 만들어 놓았다. 관광객들은 가이드의 따발총 설명에 신기한 듯 귀를 쫑긋거린다. 들으면 재미있다. 건축을 만들면서 고려됐던 여러 상황들이, 그 건축이 갖는 의미가 이야깃거리가 되어 관광 상품화됐다.

도시도 상품인 시대다. 21세기 소비자들은 그 상품이 이성적으로 판단했을 때 꼭 필요해서 구매하기보다 감성적으로 끌리기 때문에 구매한다. 이제 사람들은 디자인, 이야기, 경험, 감성을 산다.

핀란드의 산타클로스 마을을 비롯해 호주 멜버른의 그레이트 오션로드, 벨기에 『플랜더스의 개』의 무대인 앤트워프 등이 대표적 성공사례로 꼽힌다.

로미오와 줄리엣이 없었다면 베로나는 평범한 유럽의 소도시, 그 이상도 이하도 아니었을 것이다. 실존인물이 아님에도 줄리엣의 무덤도 있다.

경남 함양군에 가면 변강쇠와 옹녀가 구경거리가 된다. 그들이 어디 실존인물이었던가. 그래도 그곳에 가면 가무덤이 있다. 관광객이 찾아온다. 전라북도 남원에 가면 이몽룡과 성춘향이가 있다. 이야기는 이렇게 만들어진다.

부산에도 '이야기'는 넘친다. 부산이 문화의 불모지라는 말은 어떻게 하느냐에 달렸다.

민속학자와 부산 16개 구·군청의 도움을 받아 수집한 부산 지역 설화만 해도 무려 150여 개에 달한다. 설화는 더 이상 옛

날이야기에 머물지 않는다. 그것은 새로운 콘텐츠의 자양분이자 씨앗이다. 문제는 그 씨앗들을 어떻게 큰 나무로 키울 것인가에 대한 고민이다. 이를 위해 도시 설화에 대한 새로운 관심과 시인, 소설가, 미술가, 조각가 등의 상상력이 요구된다. 설화는 삭막한 도시를 벗어날, 또 다른 무늬이자 향기다.

가까이는 해운대의 최치원 설화나 몰운대의 정운 장군 이야기, 기장의 동해안 별신굿까지 사방에 흩어져 있다. 별반 스토리가 없다면 상징적으로 서로 소통될 수 있는 프로젝트를 만드는 것 또한 도시가 할 일이다. 하지만 '해체' '개발' 이 판치는

싱가포르의 여러 아파트 모습. 아파트 곳곳에 녹지 공간이 살아 숨 쉬고 있다.

도시에서는 희망이 없다.

'창조도시'의 주창자로 알려진 찰스 랜드리는 "사람들이 동경하는 장소에는 사람의 주의를 끌고 그곳의 이미지를 보여 주는 상징물 프로젝트가 필요하다"면서 "훌륭히 지어진 보통의 건물이나 상징적인 건물 모두 깊은 감정과 감성을 자아내어 도시를 지속 가능하게 만들고 풍요롭게 한다"고 했다.

찰스 랜드리는 친절하게도 "설명 없이도 누구나 이해할 수 있고 상상력을 자극하고 놀라움을 주며 문제를 제기하고, 기대치를 높이는 기획 혹은 독창성이 상징물"이라고 설명하고 있다.

시각에 따라 다를 수 있겠지만 파리의 에펠탑이 그렇고, 빌바오의 구겐하임 미술관이 그렇다.

도시의 독창적 상징물 중 하나인 프랑스 파리 에펠탑(사진 위)과 빌바오의 구겐하임 박물관.

이러한 상징물 속에서 축제와 행사는 상징적 그릇에 담길 내용물이 된다. 축제와 행사가 상투적이지 않다면, 그 도시는 지역민을 즐겁게 할 뿐만 아니라 덤으로 관광객까지 유치할 수 있을 것이다. 죽어 가던 도시도 부활을 꿈꾼다. 찰스 랜드리가 말한 '창조도시'가 바로 이것이다.

명소를 만들기 위해서는 얘깃거리가 필요한데 돈을 주고도 살 수 없는 역사적 기억은 가장 좋은 소재가 될 것이다.

재개발이 아닌 도시재생. 새로 건물을 짓더라도 원래 그곳에서 살던 사람들, 영업하던 가게들이 가진 얘깃거리는 지켜 가야 하는데 우리는 큰 건물을 올리는 데만 신경을 쓴다.

문득 한때 심금을 울린 가수 박재홍 씨가 부른 '경상도 아가씨'의 노랫말이 떠오른다.

"사십 계단 층층대에 앉아 우는 나그네/울지 말고 속 시원히 말 좀 하세요/피난살이 처량스레 동정하는 판잣집에/경상도 아가씨가 애처로워 묻는구나…"

노랫말에 나오는 40계단은 여전히 도시 속 부산에서 살아 숨 쉬고 있다.

노랫말 속 부산 중구 동광동 40계단은 표지석으로 끝이다. 이것이 부산의 문화 현주소다. 인근 주민자치센터에서 안내소 역할을 하지만 그것으론 부족하다. 점심시간에 1시간 정도 '경상도 아가씨' 등 우리의 옛 노래를 들려주는 것도 생각해 볼만하다. 그러면 아마 주변에 세워진 청동 조각상들이 고단했던 그 시절을 자극하며 우리를 추억의 시공간으로 인도할 것이다. 40계단은 6 · 25 피란시절 당시 영주동 뒷산 판잣집을 짓고 살았던 피란민들에겐 바로 앞 부두에서 들어오는 구호물자를 내다 파는 장터로, 그리고 피란 중 헤어진 가족들의 상봉 장소로 유명했던, 피란살이의 애환을 상징하던 곳이다. 노래는 나를 과거로 되돌린다. 축음기의 그 애달픈 노랫소리와 함께.

표시만 해 놓았다고 끝나는 것이 아니다. 그런 의미에서 문화도 생물이다.

부산 중구 동광동 40계단.
6 · 25 피란살이의 애환이
서린 곳이다.

디자인하지 않으면 사임하라

"Design or Resign!"

디자인하지 않으면 사임하라. 영국의 전 수상 마거릿 대처가 디자인의 중요성을 강조한 말이다.

현대 도시를 이야기하면서 디자인을 빼놓고 이야기할 순 없다. 찰스 랜드리가 그린 '창조도시' 또한 그러하다. 도시 디자인에 투자를 아끼지 않는 대표적인 국가가 바로 영국이다. 영국은 세계적인 건축가들을 앞세워 런던에 '밀레니엄 브리지' '테이트모던' '런던아이' 등을 건축해 런던을 세계적인 디자인 도시로 만들고 있다.

프랑스 상젤리제의 야간 조명 모습.

　　도시에 디자인은 종종 새로운 가치를 부여하곤 한다. 그 변화가 너무도 커 흔히들 죽었던 도시가 갑자기 살아난 도시로 느껴질 정도라고 표현한다. 암울했던 도시가 쾌적하고 깔끔한 도시로 탈바꿈하는 것은 물론이고 탄광도시가 문화도시로 탈바꿈하기도 한다. 혁신하고 싶다면 디자인하라는 말은 결코 틀린 말이 아니다. 영국의 버밍햄, 독일의 에센 등이 모두 탄광이나 공업도시에서 디자인 도시로 거듭났다.

　　디자인이 주는 이런 효과에 우리나라 주요 도시를 비롯해 지자체들도 너도 나도 "디자인! 디자인!"이다. 최근에는 여기에 국토해양부*와 건설업체도 보조를 함께 맞추고 있다. 세계적인 건축가나 조경설계가와 손잡고 독특한 아파트 디자인을 선보이는 곳도 있다. 일부 때늦은 감은 있으나 한편으론 반갑다. 그동안 관심 밖에 머물던 것들에 대해 하나둘 세심한 손길이 가해지기 시작하는 변화다. 하지만 때론 어설프고 조잡하기도 하다. 그리고 너무 튀려고만 한다. 디자인 하면 무조건 튀어야 하는 것으로 착각하는 것 같다.

　　여기에 잘 맞는 따끔한 충고 하나. 2년 전 부산시청에서 열린 한 특강에서 일본 디자인계의 석학 스기야마 가즈오(동서대 교수)**는 이렇게 말했다. "부산에는 신호등

* 이런 의미에서 최근 국토해양부의 '공동주택 디자인 가이드라인'은 참신하다. 국토해양부의 가이드라인은 최소기준과 권장기준으로 나뉘어 적용되는데 최소기준에는 채광, 통풍을 위해 거실이나 침실에 외부와 접하는 창을 반드시 하나 이상 달도록 했다. 또 단지 내 옹벽이 5m를 넘으면 따로 조경이나 문양 마감 등 디자인 요소를 넣도록 했다.

** 일본 전역의 우체통을 디자인했으며 부산 광안대교와 인천 영종대교를 디자인한 일본 디자인계의 석학. 2007년부터 부산 동서대 디자인&IT전문대학원 부원장을 맡아 오고 있다.

이나 컨트롤 박스, 전봇대, 중앙분리대 등이 두드러질 정도로 눈에 띄는데, 이는 바람직하지 않다. 이것들이 시민들에게는 항상 가까이 있지만 없는 듯 보이게 도시 디자인을 하는 것이 '중요하다'고 말이다.

부산 도심 속 간판을 들여다보면 온통 튀는 일색의 간판들 뿐이다. 모두 자기가 더 두드러져야 한다고 아우성을 치는 듯 하다. 조화와 양보란 찾을 수 없다. 조화와 양보, 그리고 공존, 도시의 기본인데 말이다. 그래서 스기야마 교수의 일침은 쓰 리고 아프다.

도시의 매력을 키우는 데는 야간경관조명도 빼놓을 수 없 다. 도시의 야간경관조명은 말 그대로 야간의 경관을 빛을 통

부산 광안대교의 야간 조명 모습.

해 재구축하는 작업이다. 도심 속 건물이나 교량, 수목 등 특정 피사체에 각기 개성을 살릴 수 있는 조명을 통해 낮에 느낄 수 없는 각 대상의 매력과 정체성을 재확인할 수 있다.

도시의 야경을 이야기한다면 빠질 수 없는 것이 프랑스 파리다. 개선문, 샹젤리제, 콩코드 광장, 루브르 미술관의 유리 피라미드 등. 현대건축에 의한 빛의 연출이다.

시카고에서는 오렌지색으로 빛나는 평지가 지평선까지 이어진다. 90% 이상이 고압나트륨램프의 오렌지색으로 도시의 밤공기마저도 오렌지색처럼 느껴진다.

도시에 있어 색채는 또 다른 도시 디자인이다. 중국 베이징을 가면 붉은색이 감성적으로 다가온다. 뉴욕을 가면 회색과 검정색이 느껴진다. 그리스 산토리니에서는 하얀색이 강하게 다가온다.

도시의 색을 구성하는 데는 자연경관에 대한 이해와 애정이 기본이다. 도시가 가지고 있는 하늘, 산과 강, 해변, 나무와 숲 등은 오랜 시간을 통해 변해 왔기 때문에 꾸준한 연구와 축적이 좋은 도시색채 데이터를 만든다.

그러면 서울의 색은 혹은 부산의 색은 무엇인가? 적어도 부산의 색은 푸르거나 노랗지 않을까?

수년 전 주택 옥상에 놓여 있는 물탱크의 푸르고 노란 색깔을 두고 외국인이 그랬다는 우스갯소리이긴 하지만 어딘가 우리의 약점을 꼬집어 이야기한 것 같아 씁쓸하다. 그만큼 우리의 도시색채는 밋밋하다는 얘기다.

부산 사하구 감천동 지역 산비탈에 있
는 집들의 모습. 주택 옥상에 놓여 있는
물탱크의 색깔 때문에 집들이 온통 파
랗게 다가온다.

도시의 색에 가장 많은 영향을 주는 것은 건축물과 도시구
조이다. 건축물이 색채 구성의 표면 재료색이라면 도시구조
는 레이아웃이며 배색이다. 좋은 도시경관을 위해서는 좋은
물감이 필요하고 적절한 혼색과 배색이 필요하다. 도시는 색
채에 의해 무의식적으로 빠르게 오래 기억된다. 그래서 지금
이라도 건축가와 디자이너의 도시색채에 대한 보다 창의적인
관심이 요구된다.

마침 서울시는 대표적인 도시공원인 남산의 공간과 시설물 등에 적용할 종합 디자인 가이드라인을 마련했다. 색채는 서울 대표색 가운데 남산초록색과 서울하늘색 등 자연계열 색채를 사용한다고 한다. 부산시도 최근 도시색채 기본계획으로 '부산의 이미지 색 10가지'를 선정했다. 이미 지어진 건물이나 조성된 가로들의 색깔과 조화를 이루면서 부산을 상징하는 풍광이 담고 있는 색채를 살려 경관 색으로 삼았다고 한다. 하지만 부산을 대표하는 이미지 색치고는 너무 많다는 느낌이다.

문득 10여 년 전 부산시의 '10대 전략산업'이 오버랩된다. 부산의 주요 산업을 망라했던 10대 전략산업은 10여 년이 흐른 지금은 어디에 있을까? 10가지 색채는 도시의 이미지를 나타내는 색깔로는 너무 많다. 이 색 저 색 모두 갖다 붙인 느낌이다. 비록 색채 전문가는 아니지만 부산의 대표색이 있다면 그 계통의 주요색을 도시색채로 정하는 것은 어떨까? 푸른색이면 푸른색 계통 말이다.

연세대 주거환경학과 이현수 교수는 『도시색채 이야기』(선, 2007년)에서 "우리 주변에 배색이 잘되어 있는 건물보다 눈살을 찌푸리게 하는 것이 더 많다"고 따끔하게 지적하고 있다.

이 교수는 "색채는 공기와 같은 것이다. 건물의 형태가 우리의 의식 속에 자리잡고 있다면 색채는 우리의 무의식 속에 자리잡고 있다"고 했다. 무의식 속에 자리잡고 있는 색채, 그래서 더 뚜렷하게 도시의 이미지를 각인시키기 때문에 세계의 도시들은 색(色)에 주목한다.

도시의 기억, 잿빛인가 장밋빛인가

2009년 8월 7일부터 10월 25일까지 인천에서는 '인천세계
도시축전'이 열렸다. '내일을 밝히다(Lightening Tomorrow)'
라는 주제로 행사기간 미래도시의 비전은 물론이고, 다양한
세계 문화도시의 모습이 그려졌다.

굳이 인천을 언급하지 않아도 지금 세계의 도시는 변혁을
꿈꾸고 있다. 톡톡 튀는 공간 활용부터 아이디어로 도시가 마
케팅을 시작했다. 어떻게 하면 사람들을 불러 모을 수 있을까
를 고민하기 시작했다. 심지어 연출도 시작됐다.

도시박람회인 '2009 인천세계도시축전'이
2009년 8월 7일부터 10월 25일까지 인천시 연
수구 소재 송도컨벤시아 등에서 열렸다.

여기에 우리나라도 세계 주요 도시들의 움직임도 예외는 아닌 듯하다. 발 빠르다.

1월 중순이 되면 매혹적인 아이스링크로 변하는 비엔나 시청 앞 광장. 7월과 8월에는 음악 영화 페스티벌이 열려 광장은 오페라 하우스 겸 극장이 된다. 겨울이 되면 광장은 크리스마스 장이 서고 시청 주위의 공원은 매혹적인 숲으로 변한다. 우리는 이를 오래도록 기억한다.

언제나 기억나는 도시의 이벤트는 이제 자신이 사는 그 도시에 대해 갖는 느낌의 한 부분이 된다. 한 도시에 대해 하나의 이미지가 전달될 수는 없다. 그러나 분명한 사실은 기억 속에 각인된 도시의 이벤트는 우리가 살고 있는 사회의 특성이 우리 안에 살아 숨 쉬게 한다는 것이다.

그 느낌은 때로는 도시의 특이한 건축물과 같은 랜드마크 성격의 것에 기인할 수도 있고 때로는 도시의 축제 등 이벤트나 볼거리(쇼)일 수도 있다. 또 도시가 주는 색채일 수도 있다. 그리고 가끔은 의식이나 의례일 수도 있다.

최근에는 랜드마크 건축의 성격이 아랍에미리트 두바이의 '버즈 두바이' 나 '버즈 알 아랍호텔' (321m)처럼 크기나 높이를 지향하는 경향이 있지만 꼭 높이에 국한되지는 않는다. 시드니 오페라 하우스처럼 참신하고 새로운 건물 형태일 수 있고 피사의 사탑처럼 역사적 유물일 수도 있다. 또 스페인 사그라다 파밀리아 성당처럼 독창적인 것일 수도 있다.

이 밖에 도시 엔터테인먼트 시설도 빼놓을 수 없다. 도시 엔터테인먼트 시설은 도시의 거리나 광장 등을 모방 조성해 놓음으로써 거닐고 싶은 생각이 들게 만든다.

도시를 한 사람의 마음속에 남기고 싶다면 관객을 참여시키는 이벤트가 제격일 수도 있다. 관광객들은 여행지 안에서만 할 수 있는 '특별한 경험'을 꿈꾸기 마련이다. 관객을 참여시키는 이벤트는 관객이 배우가 되게 하기 때문에 특히 재미있다. 이때 중요한 것은 관객들로 하여금 자신이 꿈꾸었던 것을 실제로 하게 되었다고 믿게 만드는 생생함이 필요하다. 아무리 볼거리가 많은 곳이라도 그것을 여행자가 느낄 수 있는 체험의 차원으로 풀어낼 수 없는 곳이라면 매력적인 도시가 될 수 없다.

또한 단기적으로 성과를 드러내는 식의 인프라 건립이나 축제 등과 같은 사업 위주의 접근이 아니라, 시민이나 예술가, 문화행정 전문가 등이 유기적인 링크 및 네크워크를 형성해 가도록 환경을 제공해 주는 것이 더없이 필요하다.

도시의 이벤트는 도시에 대해 갖는 느낌의
한 부분이 된다. 사진은 부산 해운대에서
열린 요트대회의 모습.

도시, 껍데기는 가라

도시 미학, 옛것의 공존

최근 우리의 도시들은 경제성 확보에 급급해 모든 도시가 생산현장으로 돌변하고 있다. 이로 인해 그 도시가 보유한 생활경관 등 여러 가지 매력들은 급속도로 파괴 또는 소멸되고 있다.

옛것이라면 먼저 부수는 나라, 한국. 산업시대의 유산이다. 무조건 깡그리 부수고 새롭게 짓는 것이 '한국 재개발'의 대명사가 됐다.

서울도 그렇고 부산도 그렇다. 모두 부수고 새로 짓는 것이 정답인 양 착각한다. 그러면서 또한 도시 디자인을 외친다. 역사를 지우고 무조건 새것을 짓는 것만이 도시 디자인이 아니다. 과거와 역사를 지워 버리고 새것만 자꾸 짓다 보면 오히려 도시의 가치는 떨어질 수밖에 없다. 도시는 결코 새것 전시장이 아니다. 사람이 살고 문화가 살고 역사가 살아 있는 삶의 현장이 바로 도시여야 한다.

외국에서는 원형과 역사를 파괴하지 않으면서 재개발해 새로운 가치를 창조해 내는 사례가 많다. 독일 북부 오버하우젠의 경우, 가스저장탱크였던 가소메터를 재활용해 아트홀로 변신시켰다. 또 화력발전소 위에 현대미술관을 꽃피운 영국의 테이트모던의 변신도 대표적이다.

이들 모두 버려진 공장 시설에 도시 디자인의 힘을 빌려 새로운 생명을 불어넣은 사례다. 버려진 공장을 활용했을 뿐 아니라 공장의 과거, 즉 역사를 유지하며 새로운 가치를 디자인의 힘으로 만들어 냈다는 점이 주목할 만하다. 이것이 바로 도시가 창조해 내는 가치 창조이며 창조도시의 개념이다. 하지만 우리는 무조건 없애려고 하니 그것이 문제다.

개발주의로 부산의 기억들이 마구잡이로 사라지고 있다. 국제영화제 개최 도시 부산의 이미지가 무색하게도 동구 범일동 삼성극장이 도로 확장으로 인해 역사의 뒤안길로 사라질 운명이다. 1959년 개관할 당시의 모습을 그대로 간직하고 있는 전국 유일의 극장인 삼성극장. 어디에다 부산이 국제영화제 개최 도시라고 명함을 내밀 수 있을까? '영화도시 부산' 그 이름도 부끄럽게 자신의 기억조차 지워 버리는 부산을 말이다. 부산 영화 역사의 산증인들은 그렇게 하나둘 사라지고 있다. 바로 옆에 있던 삼일극장은 2년 전 철거돼 사라졌고, 보림극장도 같은 해 다른 형태로 바뀌었다. 더 이상 버틸 힘이 없다.

조선인이 최초로 건축한 근대식 물류창고인 부산 동구 초량 동 '남선창고'의 철거는 외국과 다른 우리의 편협하고 옹졸한 문화 인식을 보는 것 같아 안타깝다. 2008년 말 108년의 역사를 뒤로 하고 철거된 남선창고는 1900년 초량동이 매립되기 전 바닷가에 지어진 부산 최초의 근대식 물류창고였다. 당시 함경도에서 해산물을 가져와 보관한다고 해서 '북선창고' 또는 명태를 보관했다고 해서 '명태고방'으로도 불렸을 정도이다. 부산시는 남선창고를 문화재로 지정해 미술관으로 활용하는 방안을 검토했지만 건물주의 반대로 무산됐다. 하지만 문화사적 가치를 알고도 재정 타령을 하며 철거를 수수방관한 부산시의 책임이 이런 이유로 가벼워지는 것은 아니다.

산복도로 위에 산을 벗 삼아 옹기종기 모여 있는 집들, 그리고 끊길 듯하다가도 신기하게 이어지는 좁은 골목길 정경으로 대표되는 곳이 부산이다. 그래서 산복도로와 골목길, 수많은 재래시장*은 부산이라는 도시의 살아 숨 쉬는 삶의 공간이자 또 다른 모습이다. 비록 삶은 고단했지만 절망보다는 희망이 넘쳤던 곳이었으며 부산의 묵은 상징이었다.

그러나 지금 부산을 비롯한 우리나라 도심의 골목길은 대부분 사라질 판이다. 정겹

* 재래시장은 도심 속에서 삶의 향취를 느낄 수 있는 거의 유일한 공간이다. 대형마트와 SSM(슈퍼슈퍼마켓) 등에 밀려 설 자리를 잃어 가고 있지만 우리가 굳건히 지켜나가야 할 또 다른 문화요, 공간이다. 시장에는 가게마다 사연이 있고 역사가 있다. 동의대학교 유통학부 박봉두 교수는 "재래시장처럼 그 도시나 지역의 모습을 가장 잘 보여 주는 것은 없다"고 했다.

부산 동구 수정동 주택가의 한 골목길. 끝없이 이어지는
좁은 골목길을 따라 걷노라면 '도시의 속살' 이 드러난다.

고 그리운 길은 재개발에 밀려 더 이상 찾아보기 힘들 정도가
됐다. 재개발 재건축이라는 이름 아래, 도심의 그 골목길은 하
나둘 사라지고 있다.

살아 숨 쉬는 도시 삶의 대표적 공간 재래시장.
사진은 부산 자갈치 시장 모습.

또 재래시장은 어떤가? 어설픈 아케이드에 서민의 삶을 대변하는 시장의 정취는 점점 멀어지고 있다.

사라지는 것이 비단 이들뿐이겠는가? 아무 생각 없이 쉽게 사라지는 것이 너무 많고 그나마 남기는 것 또한 너무 어설프다. 물론 새로운 기억들로 채워지고 있지만 부산에 대한 아련한 기억들은 그 어디에서도 찾을 길이 없다.

한국예술종합학교 이종호 교수는 "기억만이 도시의 특별한 장소를 만드는 것은 아니다" 면서 "자본, 권력, 그곳에 사는 사람들의 일상 등 여러 갈래의 욕망이 함께 작용한다"고 했다. 그리고 "그 욕망은 변화를 충동하고 기억은 변화를 억제한다. 변화는 도시의 자연스러운 본질적 속성이다. 그러나 우리의 도시에서는 기억보다 훨씬 큰 욕망이 넘쳐흘러 변화를 조절할 틈이 부족했다"고 했다.

우리가 가고 싶어하고 찾고 싶어하는 외국의 도시들은 어떤 곳인가? 비록 스타일은 다르지만 도시의 지나온 흔적들이 남

아 있는 곳이다. 결국 도시의 흔적을 지키고 가꾸는 일이 새로운 의미의 도시경쟁력을 회복하는 지름길임을 진정 모른단 말인가?

사라지는 정취

부산에는 독특함이 있다. 한국 제2의 도시로서가 아니라 6·25의 피란지로서의 독특함 말이다. 누군가에겐 잊어버리고 싶은 경험일 수도 있다. 하지만 그 피란시절의 애환은 부산 곳곳에 아직도 오롯이 묻혀 있다. 산복도로*도 그 중 하나일 것이다. 산허리를 뚝 잘라 지나가는 길. 그 사이로 수많은 집들이 즐비하게 늘어서 있다. 부산 동구 수정동, 초량동 일대 산복도로. 길을 경계로 수많은 집들이 옹기종기 형성돼 있다. 지금이야 바다 조망이 최고로 각광받고 있지만 그땐 고통의 고지대였고 눈물과 애환의 산복도로였다. 이화여대 건축학과 임석재 교수는 문화재와 함께 우리가 지켜야 할 것으로 마을, 능선, 구멍가게, 재래시장, 개천의 여섯 가지를 들고 있다. 여기서 임 교수가 말하고 있는 '능선'은 부산에서는 산복도로로 상징되는 능선이다.

난 이 구절을 읽으면서 울컥 눈물이 났다.

*경성대학교 도시공학과 강동진 교수는 2007년 12월 제2차 부산공간포럼(부산 되살리기, 어떻게 할 것인가)에 발표한 글 「도시의 다독거림, 회복하는 부산」에서 부산은 지형으로부터 세 가지 선물을 받았다고 했다. 첫째는 해안선이고 둘째는 밤풍경 그리고 세 번째 선물은 산복도로라고. 강 교수는 에펠탑에서 파리의 아름다움에 취하듯 산복도로에서도 부산의 아름다움에 취할 수 있다고 했다. 그리곤 자신이 처음 산복도로를 만났던 날 질렀던 '우와~'라는 감탄사가 10년 아니 100년 후에도 산복도로 여기저기에서 터져 나오기를 간절히 바란다고 적었다.

더 이상 글을 쓸 수가 없었다. 과연 아름다운 우리의 이 흔적들을 누가 지켜낼 것인가.

이러한 곳도 재개발 논리에 조만간 사라질지 모른다(다행스러운 것은 부산에서만 볼 수 있는 산복도로를 하나의 문화콘텐츠로 재생산하려는 애정 어린 작업이 부산발전연구원에 의해서 이루어지고 있다는 반가운 소식이다).

사실 내일은 무엇이 없어질지 조마조마하다. 부산 동구 초량동 남선창고도 사라져 버렸다. 재개발은 사라짐, 없어짐이 결코 아닌데….

부산의 독특한 정취를 자아내는 산복도로 풍경.

외국에서는 오래된 건물뿐만 아니라 구시가지 자체를 원형대로 지키려고 노력하는 사례가 적지 않다. 일본은 1975년 문화재보호법을 개정해 건축물뿐만 아니라 그 주변 환경까지 보존지구로 삼아 관리하고 있다.

건물을 신축해도 원래 있던 건물의 외벽이나 이미지를 남기는 식으로 설계를 한다. 이런 보존지구 제도는 영국과 프랑스도 시행하고 있다. 독일의 뤼벡 시에서는 중세부터 내려온 거리의 모습을 지켜가기 위해서 구시가지의 건물을 고치거나 새로 지을 때는 전통적 외형을 갖추도록 하고 있다.

그러나 우리의 도시 능선인 산복도로는, '묻지 마' 식 재개발로 거침이 없다. 불도저요, 새것이요, 바둑판이다. 정녕 우리는 얼마나 많은 것을 잃어야 그 소중함을 깨달을 수 있을까?

능선으로 대표되는 산복도로와 골목길을 살리는 방안을 생각해 본다. 능선은 어려웠던 지난날의 기억을 간직하고 있다. 그리고 산복도로마저 없는 곳에서는 교통도 불편하다. 한마디로 달동네인 경우가 허다하다. 지금도 주민들은 매일같이 탈출을 꿈꾸고 있는지 모른다. 그렇지만 타인들에게는 능선이 그려내는 아름다움과 서민의 생활은 능선이 가진 장점으로 다가온다. 그러기에 접근의 고민이 필요하다. 새로운 화장으로 모습을 바꿀 것인가, 아니면 동화 같은 마을을 꿈꿀 것인가. 나는 둘 다 아니라고 생각한다.

굳이 재개발을 하고 싶다면, 아니 주민들에게 관심을 보이고 싶다면 이곳에 마을 사람들이 모일 수 있는 열린 공간(오픈 스페이스)을 만들어 주자. 작은 도서관이나 문화관이라면 그곳에 화색이 돈다. 더하여 도란도란 이야기 나눌 수 있는 쉼터가 있으면 금상첨화다. 그것이 진정으로 그들을 위하는 것이다.

느림, 도시의 경쟁력

신맛의 대명사 석류는 게으름의 식물이다. '게으름의 미학'을 온몸으로 보여 준다고나 할까. 석류가 탐스러운 알을 만들어 껍질을 열고 나오기 위해서는 게으르고 게을러서 게을러터질 것을 요구한다. 익지 않은 석류는 터지지 않는다. 석류는 익을 때까지 오로지 중심을 향해 부풀어 오른다. 다른 데는 관심을 두지 않는다. 그리고 마침내 오랜 게으름 끝에 껍질을 열고 탐스러운 알을 보여 준다. 달콤하면서도 신맛이 나는 석류 알을.

삶의 터전을 가꾸어 가는 도시정비를 놓고 지금 세계는 석류 알처럼 '느림의 매력'에 흠뻑 빠져 있다.

세계의 도시들은 석류 알이 만들어지듯 더딘 걸음이 오히려 성장 동력이 될 수 있음을 자각하고 있다. 우스갯소리로 '다망(多忙)하면 다 망한다'는 말을 세계가 인식하고 있다는 얘기다. 도시정비는 속도가 아니라 방향성의 문제임을 인식하게 되면 쉽게 이해가 간다.

행복과 재미, 환경, 생태주의를 도입한 유럽의 치타슬로

(cittaslow, 슬로시티) 도시들이 지난 10년간 보여 준 지역 인구 증가와 관광산업 확대는 느리게 살기가 미래의 성장 동력이라는 것을 확인시켜 주고 있다.

유럽의 많은 소도시들, 이탈리아 밀라노, 인근의 아비아테 그라소, 몬테팔코 등지가 수백 년 살아온 문화와 전통을 지니고 자연환경을 손대지 않고 유지하는 것으로 새로운 성장 동력을 삼고 있다.

싱가포르의 경우를 보면 도시계획을 크게 콘셉트 플랜과 마스터플랜으로 나누어 짠다. 그리고 여기는 10년 후에, 여기는 20년 후에 개발한다로 나눠 세분화해 개발한다.

하지만 우리는 어떤가? 4~5년 만에 새로운 도시가 탄생하는 우리나라. 특히 우리나라 재개발이나 재건축의 문제 중 하나가 바로 단기간 개발로 인한 부작용이다. 개발 규모에 비해 단기간에 모든 것이 결정되고 추진돼 시민들과의 소통과정과 연구조사, 충분한 내용을 구성하기 위한 과정들이 생략되면서 문제들이 발생하는 것이다. 일본의 대표적 재개발단지 록본기힐스의 경우 주민과의 대화만 해도 무려 1천 번이 넘었을 정도다.

부산의 시인 정대현 씨는 "느림은 게으른 삶의 이정표가 아니고 가끔은 이 시대를 대변하는 넉넉한 삶의 지표"라고 했다.

터키 사람들이 하루에 가장 많이 쓰는 말 가운데 하나가 '천천히'라는 의미의 '수하힐리'라고 한다. 말끝마다 "수하힐리, 수하힐리…" 한다, "빨리 빨리"를 달고 다니는 우리와는 대조적이다.

한국에도 느림의 문화가 없었던 것이 아니다. 김치, 장류 등 오랜 슬로푸드 문화가 있지 않았던가. 세계에 내놓아도 조금도 뒤떨어지지 않는 숙성의 우리 음식문화를 이젠 도시 건축에도 당당히 적용시킬 때가 되었다. 수하힐리!

우리 옛것 누가 지켜낼 것인가

2009년 6월, 서울에서는 재개발로 사라질 위기에 처했던 한옥 40여 채가 한국 전통문화를 사랑하는 한 외국인의 노력으로 살아남았다.

한옥의 멋에 매료돼 35년을 한옥에서만 살아온 미국인 피터 바돌로뮤 씨 등 서울 성북구 동소문동 주민 20명은 동소문동 일대 재개발 처분을 취소해 달라며 서울시를 상대로 법원에 소송을 냈는데 이를 법원이 받아들였던 것이다.

2004년 서울시는 낡은 건물이 많은 성북구 동소문동 일대 2만 5천여m²(7천600여 평)를 재개발하기로 하고 2007년 구역 지정까지 마친 상태였다. 물론 구역 지정 안에는 한옥 43채도 들어 있어 만약 계획대로 재개발이 된다면 한옥은 모두 철거될 운명이었다.

하지만 한옥의 매력에 푹 빠진 바돌로뮤 씨는 35년간 가꾼 집이 국가의 무신경한 결정으로 철거되는 상황을 용납할 수 없었다. 곧바로 뜻을 같이하는 주민 19명과 함께 행동에 나선

것. 1년 7개월간의 긴 재판 과정
이 결코 쉽지 않았으나 결국 승
소했다.

바돌로뮤 씨의 마음을 빼앗아
간 한옥의 매력은 무엇이었을
까? 바돌로뮤 씨를 사로잡은 한
옥의 매력은 한옥이 지극히 자연
친화적이라는 것. 콘크리트나 철
근 등 인공 자재가 아닌 흙과 나
무 등 자연 소재로 만들어져 그
곳에 사는 사람을 편안하게 해
준다는 것이 이유였다. 가까이에
있는 매력을 외국인은 보는데 우
리는 왜 보지 못할까?

그런 점에서 전라남도의 한옥
사업은 너무나 반갑다. 전라남도
는 2005년 12월 조례를 만들어
한 마을에서 10가구 이상이 한옥
을 건축하면 가구당 최대 2천만
원을 무상 보조하고, 3천만 원까

자연의 공간에 놓여 있는 가구
같은 존재, 한옥. 사진은 서울
성북구 동소문동 한옥 풍경.

지 융자하고 있다. 이미 2007년 85가구, 2008년 341가구의 한옥을 지었을 정도이다. 2009년에는 700가구에 달할 것으로 예상한다.

전남에서는 한옥이 꽃을 피운다. 한옥산림박물관이 그렇고, 전남도청 관광정보센터가 그렇고, 지사 도청이 그렇다.

『나의문화유산답사기』를 쓴 유홍준 전 문화재청장은 한옥을 일컬어 "자연의 공간에 놓여 있는 가구 같은 존재"라고 했다.

한옥에는 선조들의 생활의 지혜가 고스란히 녹아 있다. 황토로 쌓은 다음 기와로 얹기 때문에 태풍이 불어도 크게 흔들리지 않는다. 또 기와로 인해 겨울에는 실내가 따뜻하고, 여름에는 시원하다.

뒤늦었지만 전라도뿐만 아니라 전국 어디에서든지 한옥을 보고 싶다. 그리고 한옥과 함께 한국의 '미소 천년 기와'도 보고 싶다. 신라의 미소로도 널리 알려진, 경주와 신라를 상징하는 아이콘과 같은 미소 말이다. 그 미소가 전국에 퍼져 나갈 때 우리의 삶은 더욱더 아름다우리라.

굴다리에 빛이 들고 담벼락엔 꽃이 핀다

최근 들어 공공의 영역에 문화를 담는 공공미술 운동이 새롭게 주목받고 있다. 공공미술은 건물을 장식하는 디자인의 일종으로 도시개발 프로젝트에서 도시의 미관을 조성하는 한 분야로 발전했다.

공공미술로 유명한 미국 시카고의 드레아 호웬슈타인(Drea Howenstein) 교수는 공공미술을 '사회미학' 이라고 표현했을 정도이다.

국내 공공미술도 최근 공공디자인에 대한 관심이 높아지면서 사람들의 공간인식에도 큰 변화가 일어났다.

공공미술은 2007년부터 서울시가 추진하고 있는 도시 갤러리 프로젝트나 최근 부산시가 추진하고 있는 도시 디자인(?) 사업 역시 공공미술 운동에서 비롯된 정책들이다.

정부와 지자체, 지역의 대안 문화 활동가들을 기반으로 한 공공미술 운동에 힘입어 시민들의 일상에 디자인을 입히고 시민들은 디자인을 즐기는 동시에 창조하는 공공디자인의 개념은 전국 곳곳에서 눈에 띄게 늘고 있다.

공공미술과 공공디자인에 대한 수요가 늘자 건설사들도 아파트 단지 디자인에 심미적 요소를 강조하기 시작했다. 공공디자인 혁명은 아파트, 동네, 시장, 일터, 공장에서도 진행형이다.

동네 건물 곳곳에 풍경화나 동네 이미지를 닮은 벽화를 꾸미는 것은 다반사고 여러 가지 조형물도 만들고 있다.

도시 디자인에 대한 움직임은 경남 통영 동피랑 마을*도 있고 경남 진주 성지동 골

도시 디자인에 대한 움직임이 전국 중소 도시로 확산되고 있다. 사진은 통영 동피랑 마을 벽화.

부산 남구 문현동 벽화 마을. 골목마다 꾸며진 벽화 그림은 산비탈 동네의 또 다른 풍경으로 다가온다.

부산진구 부암동과 부전동 경계점 서면중학교 옆 굴다리 벽면. 굴다리엔 빛이 들고 담벼락엔 꽃이 핀다.

목길, 그리고 부산에도 있다. 부산 녹산의 반도체장비용 부품 업체인 리노공업 전면에는 골프 퍼팅장, 실내 탁구장, 당구장 같은 체육 시설이 자리 잡고 있다. 또 사계절 시야를 푸르게 하기 위해 침엽수를 심어 놓았다.

공장 담벼락의 변화도 눈부시다. 부산 사상구 사상공단 삼락수로 9호교 인근, 조광페인트에서 부성엔지니어링에 이르는 170여m 공장 담벼락이 형형색색의 그림과 부조 설치작품으로 인근 주민들의 눈길을 사로잡고 있다. 공업 폐수가 흐르는 하천변을 따라 칙칙하게 늘어서 외면받았던 공단 노후 건축물들에 미술로 '옷'을 입었다. 낡은 담벼락을 5개 대학과 전문작가 등 70여 명이 참여해 건축과 공공미술*이 가미된 예술 공간으로 재탄생시켰다.

부산진구 부암동과 부전동의 경계점 서면중학교 옆 굴다리 벽면도 활력 넘치는 공간으로 탈바꿈했다. 또 있다. 부산 남구 문현동 목조 및 슬레이트 건물 250여 채가 모여 있는 '문현동 안동네' 건물 외벽의 변화다. 이곳 건물 벽면이나 담장에 마을의 정서를 배경으로 다양한 주제의 벽화 40여 점이 그려져 있다. 굴다리엔 빛이 들고 담벼락엔 꽃이 핀다.

단절의 벽이 소통의 벽으로 거듭난다. 벽화는 소통에 대한 그리움의 표현이다. 벽화는 단절을 깬 소통이다. 벽은 단절이

* 공공성을 띄는 미술이다. 거리, 공원, 광장 등 대중이 함께 이용하는 공간을 꾸미는 것을 이르기도 하고 마을이나 직장 등 공동체를 이루는 구성원들이 모여 지역문화를 담는 디자인을 하는 것 역시 공공미술의 일종이다. 공공미술의 개념 정의는 아직도 이견이 분분하지만 지향점은 미술을 생산하고 소비하는 주체들의 삶과 문화가 고스란히 담겨 있어야 한다는 것이다.

지만 벽화는 그 단절을 반발하고 나타난 그리움이다. 그림, 긁는다, 글, 그리고 그리움이라는 말, 그것은 같은 뿌리에서 나온 말이라고 한다. 소통을 위한 몸짓이 부산 시내 곳곳에 꽃피길 기대한다.

때맞춰 도시 디자인 열풍이 지자체마다 경쟁적으로 불붙고 있다. 지자체들의 도시재생에 대한 관심이 최근 들어 부쩍 높아졌다. 일단은 대단히 고무적이다. 하지만 너무 가볍다. 도시재생에는 건축이 있고 미술이 있다. 그리고 문화가 살아 숨 쉰다. 또한 그곳에 도시의 미래가 있다. 그러나 일어나는 현상은 때때로 너무 즉흥적이다. 너도나도 외국의 사례를 보고 짜 맞추려고 한다. 기존의 물리적 개선만 되면 모든 것이 바뀌는 것으로 단단히 착각하고 있다. 지자체들은 그림 몇 개, 디자인 몇 개, 건축 몇 개로 도시가 바뀌길, 또 관광객이 찾아 줄 것으로 기대한다. 하지만 그것은 오산이다. 도시는 진행형이기에.

명심해야 할 것이 또 하나 있다. 어디까지나 주체는 주민이라는 것. 주민의 삶과 함께해야 한다. 외부인의 감동도 중요하지만 감동은 내부 주민의 생활 속에서 피어나야 한다. 그래야 도시에 꽃이 핀다.

도시, 자연과 대화하다

녹색의 여유

건축가 이일훈 씨는 나눔문화 포럼에서 '늘려 살기'라는 표현을 사용했다. 여기서 이씨가 말한 늘려 살기는 느리게 살기와 다르다. 느리게 사는 것이 시간의 문제라면 늘려 사는 것은 공간과 인간의 문제이다. 특히 인간의 문제 말이다. 이씨는 "공간 사이사이 늘려진 공간에서 시간과 공간이 늘어난다. 그렇게 되면 선택의 여지가 많아지고 사유와 의식의 폭이 확장된다. 두 발 거리를 다섯 발 거리의 공간으로 늘려 사는 건축이 이 시대에 너무나 절실하다. 그리고 우리의 미래는 '본질적 관계'를 살려내는 세상이 되어야 한다"고 외쳤다.

그렇다. 그의 말처럼 친환경은 무드(mood)가 아닌 삶에 맞닿은 실제여야 한다. 늘려야 하는 것은 눈에 보이는 것만이 전부가 아니다. 인간과 인간과의 사이, 바로 커뮤니케이션을 늘려야 한다. 이것이 본질적 관계를 살려 내는 바탕이기 때문이다.

커뮤니케이션은 노인정이 세워져 있다고, 수영장과 헬스클럽이 갖춰져 있다고 해서 이루어지는 것이 아니다. 단언하건데 여기에는 필수적인 요소가 하나 있다. 바로 녹색의 여유, 자연이다.

푸름, 나무, 숲, 잔디가 녹색이다. 인공 구조물이 아니라 자연과 함께 해야 내면의 이야기를 나눌 수 있다. 속 깊은 대화를 할 수 있는 것이다. 단순히 이것만이 아니다. 나무에서 발산되는 공기를 정화시키는 휘발성 물질 '테르펜'은 항생, 살충, 강장, 진통, 구충, 항염, 항종, 이뇨 등에 약효가 있다고 하지 않던가.

흔히 영혼이 있는 도시, 생명력 있는 도시는 녹색과 함께 한다. 하지만 '그린'이니 '친환경'이니 하

일본 도쿄의 '미드 타운'. 대지 면적의 절반 정도가 녹지로 조성돼 있다.

는 말들이 활개를 치는 것 또한 현실이다. 꼼꼼히 살펴보니, 산과 가까이 있다고 혹은 아파트 내부에 잔디가 있다고 친환경이란다. 가당찮다. 언젠가 야트막한 산이나 들판은 모두가 아파트로 변모할 날도 멀지 않았다. 수천 년 수만 년 아니 수십만 년을 지켜온 그 자리에 콘크리트 거대 덩어리가 숲과 초원을 파헤치고 그들이 말하는 친환경을 표방하며 들어선다. 신도시는 물론이고 재개발 지역도 예외 없다. 하지만 내가 보기엔 주변 산을 마구잡이로 쳐낸 뒤 지었다고 친환경 아파트인 것 같다.

이제라도 늦지 않았다. 여기저기 흩어져 있는 기존의 녹지 공간을 서로 연결하여 부족한 녹지 공간을 조금이라도 넓게 쓰도록 장기적인 도시 비전을 세우는 것이 절실하다.

이런 상황에서 서울 용산 기지나 부산 하얄리아 부대의 공원화*는 생태도시로 향하는 첫 발자국이 될 수 있다는 점에서 앞으

* 하얄리아 시민공원: 서울대 건축학과 김민수 교수는 하얄리아 미군부대 이전에 따른 시민공원조성사업은 그나마 도심부 녹지 창출에 큰 공헌을 할 것이다. 그러나 이 사업에 선정된 미국의 조경전문가 제임스 코너의 기본구상은 부지의 장소성에 대한 해석보다는 피상적으로 낙동강 충적지의 물결무늬를 도상화한 듯하다고 지적한다. 진정 이 땅에는 삶의 공간을 제 손으로 해석하고 창조할 만한 전문가가 없는가?

하얄리아부대의 공원화는 부산이 생태도시로 향해 나아가는 첫 발자국이 될 수 있다.

로의 행보가 주목된다.

미래도시의 경쟁력은 녹지에서 나온다. 하지만 우리의 도시는 녹지는 온데간데없고, 건축주는 오로지 건물의 용적률 높이기에만 혈안이다. 필자가 만난 부산지역 한 건설회사 대표는 "우리나라는 다른 나라와 달리 도심에 산이 많은 편이다. 그러니 녹지는 크게 신경 쓰지 않아도 되지 않느냐"고 말했다. 건설회사 대표들의 시각이 모두 이런 것은 아니지만 적어도 일부는 이런 시각을 가지고 있음을 아는 계기가 됐다.

하지만 이 말은 쉽게 받아들이기 힘들다. 공원 면적의 절대량은 1인당 공원 면적이라는 잣대로 비교할 수 있는데 2005년 기준, 서울의 1인당 생활권 공원 면적은 4.58m²(약 1.4평)이다. 세계적인 고밀도 도시인 뉴욕도 14.12m², 밴쿠버는 이보다 더 많은 23.46m²이며 같은 동아시아 국가인 싱가포르*도 7.89m²에 달하고 상하이도 9.16m²다. 서울은 세계보건기구(WHO)와 유엔식량농업기구(FAO)에서 권장하는 1인당 공원 면적의 최소 기준인 9m²의 절반 수준이다.

*싱가포르는 아파트나 건물 지상 곳곳에 조경 공간이 많다. 아파트 각 층의 베란다나 오픈 공간에는 대부분 식물을 심어 콘크리트 건물이 주는 삭막함을 완화시키고 있다.

싱가포르는 아파트나 건물 사이사이 열린 공간이나 옥상은 물론이고 각 층마다 오픈 공간에는 대부분 식물을 조성해 놓고 있다.

그렇다면 우리의 도시들은 어떻게 해야 할까? 당장 건축주의 녹지 조성을 위한 결단(?)을 기대하기 어렵다면 녹지와 녹지를 연결하는 '그린웨이'가 대안이 될 수 있을 것이다. 생태통로의 이용자가 숲에서는 야생 동물이었다면 다만 도시에서는 시민들로 바뀌는 것이다. 더 구체적으로 부산 도심을 예로 들면 부산 금정구 구서동에서 사하구 하단동까지 생태통로 '그린웨이'를 통해 걸어갈 수 있다는 얘기다.

그린웨이는 공원과 녹지와 집이 거리 또는 느낌으로도 서로 가까이 있게 해 주거환경을 향상시키고 도시 생활을 좀 더 친환경적으로 만들 수 있다. 그린웨이는 자동차 중심의 도로 환경을 보행자 중심의 친환경적 환경으로 개선해 도시 생활을 좀 더 안전하고 쾌적하게 만든다.

그렇다고 그린웨이가 꼭 녹음이 우거진 지역을 지칭하는 것은 아니다. 그린의 의미에는 환경 친화적이고 역사, 문화 등 삶의 질을 향상시키는 다양한 요소들이 담겨 있다. 따라서 녹지 공간이나 강가의 산책로뿐만 아니라 숲이나 나무가 없는 유적지나 문화, 예술, 공연 공간이 그린웨이가 되기도 한다.

도시는 기본적으로 주거공간, 사무공간, 유희공간을 골고루 갖추어야 한다. 녹지로 대표되는 휴식공간이 결여된 도시는 좋은 도시가 아니다. 즐겁고 편안한 도시로 발전하기 위해서는 여유를 느낄 수 있는 오픈 스페이스가 필수적이다. 길거리 한쪽의 나무 그늘에 앉아 책을 보고 차 한 잔을 마시는 소박한 즐거움이 결코 꿈이 아니길 바란다.

말레이시아 수도 쿠알라룸푸르 근처 수방자야에 있는 15층
짜리 IBM사옥. 말레이시아 건축가 켄 양이 설계한 이 건축
은 세계 생태건축학도들의 교과서로 통할 정도로 친환경적
건물이다.

＊설계의 핵심은 도서관 내에 9개나 되는 실
내 정원. 건물 안에서 각종 식물들이 자라면서
자연스레 건물이 배출하는 이산화탄소를 줄이
는 역할을 한다. 건물 내부는 마치 가운데가
비어 있는 원통처럼 지상에서부터 옥상까지
수직으로 뚫려 있다. 일종의 '바람길' 이다. 건
물 외부에는 빛은 통과시키되 열은 차단하는
자동센서가 부착된 특수 유리가 설치돼 건물
내 테라스의 식물들이 충분히 자연광을 받을
수 있도록 했다.

말레이시아 친환경 건축가 켄
양(Ken Yeang) 씨는 고층 건물
건립의 또 다른 대안으로 주목
받는 건축가다. 그는 말레이시
아 수도 쿠알라룸푸르 근처 수
방자야에 있는 15층짜리 IBM사
옥을 비롯해 오늘날 세계 생태
건축학도들의 '교과서' 로 통하
는 싱가포르 국립도서관(NLB)*
등 세계 주요 도시에 10여 개의
고층 건물을 설계했다.

그의 건축의 특색은 고층 건
물에서도 자연을 느낄 수 있게
하는 것. 자연과 통합한 건물을
추구하는 '녹색 마천루' 로 불리
는 그의 건축은 마치 담쟁이덩
굴이 담을 타고 오르듯, 층마다
식물을 배치해 식물을 건물 안
으로 끌어들였다. 어쩔 수 없이
고층 건물을 만들 수밖에 없을
지라도 여기에 자연을 느낄 수
있게 만든 것이다. 그는 현재 빌
딩 '숲' 과 자연의 '숲' 이 서로

를 훼손하지 않고 공존하도록 해 온실가스 저감 문제를 자연스레 해결하도록 하는 진정한 의미의 '생태도시' 구축을 추진하고 있다.

대규모 도시개발사업을 공공공간 확보의 중요한 기회로 삼는 것은 이제 세계적인 추세이다. 이를 위해서는 건물 우선에서 공공공간 우선으로 계획의 패러다임이 전환되어야 한다. 먼저 녹지 등을 우선 배치하고 나서 주거, 상업, 업무 시설을 계획하는 것이다. 이는 흔히 말하는 지속가능성(Sustainability)*과도 맥을 같이한다.

지속가능성이란 결과가 아니라 과정을 말한다. 영국의 예를 보면 영국 정부의 집합주택 계획 과정은 시민참여의 대원칙 아래 자연자원의 보존, 인공적인 자원의 두드러진 재생, 생태계의 보존과 그것의 재생 가능성, 세대 간 사람들 간 계층 간 평등, 건강이나 안정성 그리고 보안의 제공 등의 영역에 역점을 두고 다루어진다. 마땅히 계속되어야 할 일이고 순환이 되어야 함을 꼽았다. 바로 이것이 지속가능성이다.

특히 영국 정부가 지속가능한 주거에 있어 최우선으로 꼽는 것은 커뮤니티다. 지속가능한 주거가 되는 데는 '이웃 관계에서 보이는 만족의 정도'가 무엇보다 중요하다는 것을 잘 인식하고 있음이다.

* 지속가능성(Sustainability)이란 유지 관리에 필요한 조건을 다음 세대에 지우지 않는 것을 목표로 하며 경박한 설계나 시공, 잘못된 건축기준 등으로 인해 건축물에서 야기될 수 있는 잠재적인 위험을 사전에 방지하는 데 목적이 있다. 결국 장기적 가치를 지닌 안전하고 확실한 결과를 얻고자 하는 것이다. 국내에서는 '그린빌딩'이나 '환경친화' 등의 이름으로 연구가 이루어지고 있지만 집합주거계획 및 설계를 위한 총체적 관점에서의 지속성 관련 연구는 아직은 미흡한 실정이다

가로경관의 활성화를 통한 커뮤니티

고밀도 주거공간에 있어 옥외 공간은 개성적인 주거동을 하나로 통합하고 커뮤니티 공간으로서 도시공간을 완성시키는 중요한 역할을 한다. 부산 강서구 명지동에 조성되는 영조주택의 경우, 이런 점에서 커뮤니티에 대한 노력과 관심이 여느 아파트에 비해 돋보인다.

다소 실험적이긴 하나 영조주택이 짓고 있는 부산 강서구 명지동 영조 '퀸덤'의 가장 핵심적인 특징은 아파트 커뮤니티 네트워크 서비스. 입주민들끼리 친밀도를 높여 취미생활도 함께 즐기고 더 나아가 비즈니스도 함께 할 수 있게 하는 서비스다.

입주자의 연령이나 직업 등의 자료를 분석해 맞춤식 서비스를 제공, 궁극적으로 체계적인 인맥을 구축해 인(人)테크를 실현한다는 구상이다. 이를 실현하는 커뮤니티의 장으로 각종 스포츠, 시네마, 재즈 등 관심 분야별 테마 카페나, 홈 네트워크를 통한 인적 서비스, 동호인들을 서로 연결하는 온라인 커뮤니티 서비스가 실현된다.

실제 이를 위해 외국의 거리 상가처럼 꾸민 개방형 명품거리인 퀸덤몰 상가 곳곳에 '시네마 카페'나 '스포츠 카페' 등 '테마형 카페'가 들어선다.

또 하나 돋보이는 것은 아파트 내 쾌적한 가로경관의 연출. 단지 안 조경설계 또한 다양한 테마 가든과 기능성 산책로 등을 조성, 친환경 단지로 꾸며 놓고 있다.

아파트 진입공간은 그 성격에 따라 퀸덤몰을 낀 수변공원, 포켓공원 등 활동적인 가로경관을 연출하고 있다. 또 도시가로와 데크 공간의 입체적 연계를 위한 연결 브리지 등 매개 공간도 기존의 아파트와 차별된다.

반가운 것은 최근 들어 이런 가로경관의 활성화가 비단 특정 아파트 단지뿐만 아니라 마을의 담벼락, 지하철, 육교, 지하도에도 나타난다는 점이다.

부산 강서구 명지동 '명지 퀸덤 아파트' 단지의 내부 커뮤니티 시설.

Middle School

PART 2

제2장_

도시,
그 한가운데
속으로

들어가며

도심 재개발과 재건축은 대한민국의 도시에 있어 분명 도시 변화의 중심에 있다. 도시 변혁을 꿈꾸고자 하면서 재개발과 재건축을 빼고 이야기할 순 없다.

지금 대한민국은 재개발과 재건축이 도시를 바꾸고 있다고 해도 과언이 아니다. 그 강도가 지역에 따라, 도시에 따라 조금씩 다를 뿐 대한민국은 이로 인해 여전히 들썩인다. 최근에는 도시재생이란 거창한 이름표까지 달고. 하지만 보는 자는 속이 탄다. 방관자가 아닐 경우엔 더더욱 그렇다.

재개발과 관련된 기억 하나.

2년 전 건설, 부동산 담당을 할 때였다. 기사를 마감하고 취재를 나가는 길이었다. 한 통의 전화가 걸려왔다(아직도 전화를 한 사람이 누군지 모르기에 편의상 A씨라고 하겠다).

기자 : 여보세요.

A씨 : (40~50대 남자 목소리, 다짜고짜) 니가 뭔데 자꾸 그런 기사를 쓰는데? 기자면 다야!

기자 : 여보세요, 누구십니까?

A씨 : 니 등에 칼 맞을 각오 돼 있나?

기자 : (온몸에 소름 돋으며) 당신 누군데 그럽니까? 누군데 모르는 사람한테 막말합니까?

A씨 : (잠시 희미하게 욕 비슷한 것이 들리며, 뚝)

상대방은 자기 말만 하고 일방적으로 전화를 끊어 버렸다. 그때를 회상하면 아직도 온몸에 힘이 쑥 빠지고 소름이 돋곤 한다. 딱히 특정 기사를 찍어 말하지는 않았지만 재개발과 관련해 일부 부정적인 기사 내용이 마음에 들지 않았던 모양이다.

재개발에 있어 'NO'란 없다. 제동을 걸면 상대방이 누구이건 가리지 않고, 테러나 폭력도 서슴지 않는다.

그곳에는 도시에 대한 계획이나, 건축에 대한 미학은 도저히 찾을 수 없다. 오직 자본 논리와 경제 논리만 있다. 하지만 그 경제 논리(혹은 개발 논리)조차도 단견적이다.

재개발의 모순은 이미 70년 초 소설가 조세희 씨가 『난장이가 쏘아 올린 작은 공』(이하 난쏘공)이란 소설에서 이야기했지만 아직도 서울 용산사태가 대변하듯 우리 사회에서 쉽게 치유되지 않는 골 깊은 상처로 켜켜이 남아 있다.

작가 조세희는 『난쏘공』에서 이렇게 외쳤다. 제발 관심을 가져 달라고. "햄릿을 읽고 모차르트의 음악을 들으면서 눈물을 흘리는 (교육받은)사람들이 이웃집에서 받고 있는 인간적 절망에 대해 눈물짓는 능력은 마비당하고, 또 상실당한 것은 아닐까?"라고.

하지만 책 출간 후 30여 년이 훌쩍 지났지만 재개발은 여전히 우리 사회의 '빨간불'이다. 숭례문의 불탄 자리에도, 내 이웃집이 떠난 빈자리에도 그 '흔적'은 뜨겁게 남아 있다. 아니 불타고 있다.

어느 정부가, 어느 지자체가 뜨거운 가슴을 열고 진지하게 고민한 적이 있었던가? 묵묵부답이었다. 아니 강 건너 불구경이었다. 그 세월이 얼마였던가?

그리고 그 빨간불의 급박함 한가운데 서울 숭례문이 불탔고, 용산 참사가 있었고, 부산 연산동 재개발 비리가 독버섯처럼 자리 잡았다. 그래서 도시는 내게 아름다운 무지갯빛으로 다가오는 것이 아니라 아직도 짙은 회색빛으로 투영된다.

재개발과 재건축은 대한민국 도시에 있어 분명 도시 변화의 중심에 있다. 하지만 순기능 못지않게 역기능도 만만치 않다. 사진은 부산 연제구 연산동 한 재개발 지역 모습. 이 넓은 땅 주민들은 다 어디로 갔을까?

재개발 재건축이
뭐기에?

'개발 천국' 그 잃어버린 희망이여

먼저 재개발 재건축의 본질부터 묻는다. 재개발은 무엇이고, 재건축은 무엇인가. 또 매입 재개발은 무엇이고, 일명 뉴타운으로 불리는 재정비촉진지구는 또 무엇인가? 사실 난 이들 용어부터 마음에 들지 않는다. 우선, 어떻게 다른지 쉽게 이해가 가지 않기 때문이다. 심지어 전문가들조차 헷갈릴 정도이다.(표 참고) 그렇다면 잘 알지 못하거나 배우지 못한 주민들, 홀로 사는 노인들은 말하여 무엇하겠는가?

하지만 어찌하랴. 개념의 애매함에도 불구하고 이미 일반화됐는 걸. 어쨌든 이들 용어는 공통적으로 기존의 노후된 건물을 걷어 내고 새롭게 건물을 만들어 보자는 의미를 내포하고 있다. 다만 뉴타운(재정비촉진지구)은 이들 재개발이나 재건

표. 도시 및 주거환경 정비법상의 정비사업 현황

정비사업 유형	내용
주거환경개선사업	도시저소득주민이 집단으로 거주하는 지역으로서 정비기반시설이 극히 열악하고 노후·불량건축물이 과도하게 밀집한 지역에서 주거환경을 개선하기 위하여 시행하는 사업
주택재개발사업	정비기반시설이 열악하고 노후·불량건축물이 밀집한 지역에서 주거환경을 개선하기 위하여 시행하는 사업
주택재건축사업	정비기반시설은 양호하나 노후·불량건축물이 밀집한 지역에서 주거환경을 개선하기 위하여 시행하는 사업 예) 공동주택재건축사업, 단독주택재건축사업
도시환경정비사업	상업지역·공업지역 등으로서 토지의 효율적 이용과 도심 또는 부도심 등 도시기능의 회복이 필요한 지역에서 도시환경을 개선하기 위하여 시행하는 사업

축 지역을 적게는 3~4곳, 많게는 수 곳을 묶었다는 것일 뿐, '재생'이나 '탈바꿈'이라는 이름으로 그럴듯하게 포장돼 있는 것이다.

문제는 여기에 있다. 노후화된 건물을 걷어 낸다고 하니 당사자들이나 그 지역민들은 막연하게 좋아질 것이라는 기대감을 갖는다는 것. 물론, 문제가 있다면 좀 더 나은 환경으로 바꿔 주는 것은 당연하다. 그리고 못 할 이유도 없다. 그러나 이로 인해 서울 용산사태에서 보았듯이 심각한 사회문제는 물론이고 인간성 상실, 환경오염, 자원 낭비, 물질 만능, 투기 만연 등의 대가가 주어진다면 어찌하겠는가.

결국, 이것저것 따져 보면 재개발 지역 가운데 주민을 위해 더 나은 환경, 인간을 위한 환경으로 변모한 곳이 그리 많지 않다는 것이다. 그리고 가장 소중한 이웃 간 끈끈한 정(情)이 '재개발 바람'과 더불어 사라진다는 것이다. 궁극적으로 지향해야 할 생활환경 개선이나 삶의 질 향상은 뒷전이고 가능한 한 많은 수의 주택 공급, 더 많은 개발이익 창출에 '눈독'을 들이는 것이 대한민국 도시 재개발의 현주소다.

그럼에도 불구하고 "이미 해 버렸다면 어떻게 할 건데…"라면 적어도 지금부터라도 제대로 고민되어져야 한다는 것이다.

한국의 도시는 2003년 7월 '도시 및 주거환경정비법'(이하 도정법) 시행 이후 온통 새 꿈에 부풀어 있다. 판자촌 같은 허름한 집에서 이제나저제나 '해 뜰 날'을 기대해 왔던 사람들에게는 도정법의 시행은 꿈이었고 미래였고 희망이었다. "나도 이제 새 집을 가질 수 있게 됐다"는 '평생소원'의 꿈이 결코 멀게 느껴지지 않았다.

하나 웬걸. 그 꿈은 허상이었다. 설익은 도정법은 서민들의 기대와 꿈조차 빼앗아 가버렸다.

2007년 1월 현재 도정법이란 이름 아래 재개발 재건축 등 도시정비계획 실시 예정구역은 서울(600여 곳)을 비롯해 전국 7개 도시, 2천여 곳에 달한다.

이 중 부산이 487곳(부산이 서울에 버금갈 정도로 많은 이유에 대해 부산시 관계자는 "6·25 피란지역이어서 그렇다"고 설명한다)으로 바짝 그 뒤를 쫓고 있고 이어 대구(273), 대전(202), 인천(179),광주(146), 울산(94) 순이다.

하지만 이게 전부가 아니다. 처음부터 업자들이 나서서 땅을 매입해 재개발하는 일명 매입 재개발 지역을 포함하면 그 수는 더욱더 늘어날 것이다. 실제 전문가들은 부산만 해도 500여 곳을 훨씬 넘을 것으로 예상하고 있다. 곳곳에 '널브러져 있다' 는 표현이 적절할 것 같다.한마디로 도시정비란 이름 아래 도시가 마구 난도질당하고 있는 것이다.

특히 서울 등 전국 대도시를 중심으로 뉴타운사업지구는 갈수록 가속도가 붙고 있다. 특히 부산지역 뉴타운사업지구의 대부분이 최근 2~3년 사이에 지정됐다. 참고로 부산에서 추진되는 뉴타운사업지구는 서구 충무동 일대 충무 뉴타운을 비롯해 부산진구 범전동 시민공원 주변, 금정구 서동, 금사동 일대 서금사 뉴타운, 영도구 봉래동 일대 영도 뉴타운, 사하구 괴정동 일대 괴정 뉴타운 등 5곳으로 현재 거주자는 63만여 세대에 16만 6천여 명이 거주하고 있다. 향후 뉴타운으로 탈바꿈할 이곳은 분양예정세대수가 7만 5천 세대에 21만 4천여 명에 달할 것으로 추정된다. 이는 연제구 인구 23만 명에 육박하는 규모다.

GO-STOP판

　재개발 재건축은 두 가지 측면에서 고-스톱판이다. 무슨 뜬금없는 소리냐 하겠지만 사실이다.

　부산시의 예를 들어보자. 첫째 부산시는 쉼 없이 예정 구역을 정하고 있지만 사업은 수년째 제자리걸음을 걷고 있으니 '고-스톱판'이 아니고 무엇이랴.

　부산에서는 1986년 9월 처음으로 해운대구 우2동 승당마을이 재개발 지역으로 승인이 난 데 이어 최근 10년 내 도시정비 구역이 급속도로 늘어났다. 실제 2001년엔 재개발 등 도시정비구역이 130곳에 불과했으나 2005년엔 478곳으로 크게 증가했다. 부산은 2008년 말 현재 487곳에 이르고 있다. 이 가운데 순수 재개발사업은 239개 구역으로 이 중 완료된 곳은 부민 1구역 등 5개소 3만 8천 세대에 불과하다. 추진 중인 곳은 188개 구역 20만 세대(77%), 미추진 중인 곳은 46개 구역(21%)이나 된다. 재건축 사업의 경우 85개 구역 중 완료된 곳은 8개, 추진 중인 곳은 38개, 미추진은 39개 구역이다.

　한마디로 마구 쏟아냈다는 표현이 적절할 것 같다. 처음 몇 곳이 지정됐을 때는 희소성이라도 있었으나 지금은 희소성마저 사라져 버렸다. 부산진구의 경우 전체 면적 중 재개발 지역이 아닌 곳보다 더 많을 정도가 되어 버렸다.

　한때 시행사들이나 시공사들에게는 도시 재개발은 꿈을 좇는 곳이었다. 현재의 재개발 침체는 분명 경기 탓을 무시할 수 없다. 하지만 부산의 경우 마냥 경기 탓으로 돌리기에는 다소 무리가 있다. 모든 일이 그러하듯 재개발에도 순서가 있는 법. 어느 지역부터 먼저 해야 할지 혹은 나중에 해야 할지의 고민과 부산시의 도시계획 등과 맞물려 재개발을 추진해야 했다.

하지만 부산시는 그렇지 못했다. 일단 '지정해 놓고 보자' 식의 마구잡이 재개발로 인해 지역 내 재개발은 넘쳐 났다. 이에 뒤질세라 일부 주민들도 하나둘, 보조를 맞추며 투기꾼으로 전락해 갔다.

또한 과다한 재개발 지역 지정으로 사업성은 낮아져 지정만 해 놓고 사업은 차일피일 미뤄지게 되었다. 여기다 글로벌 경제와 국가 경제가 최악의 상황으로 치닫게 됨으로써 상황은 더욱더 나빠지게 된 것이다.당연히 속도 조절이 필요함에도 불구하고 부산시는 시기를 놓쳐 버렸다. 부산시의 부분별한 재개발 구역 지정에 대해 늦었지만 책임을 묻지 않을 수 없다.

다음은 사업 시공사 지정과 관련해 상당수 조합과 시공사 간 '짜고 치는 고-스톱판' 이 되었다는 것이다. 조합과 정비업체, 시공사가 담합하여 불가피한 상황을 고의로 연출해 법적으로 보상받는 짜고 치는 고-스톱판 말이다.

부산지역 몇몇 도시정비사업은 지금도 비리의 구렁텅이에서 쉽게 빠져나오지 못하고 있다. 고-스톱의 도박판은 언제나 끝날 것인가. 그런 의미에서 최근 부산시가 사업추진이 미진하거나 사업성이 현저히 떨어지는 도시정비사업구역을 주민 의견을 수렴한 뒤 과감히 해제키로 결정한 것은 반갑다.

신도시의 탄생

감히 말하지만 지금의 재개발 재건축은 '도시 정돈' 이라는 이름 아래 도시를 난도질하고 획일화하고 있다. 난도질이란 말이 지나치다면 요컨대 부산을 살펴보자. 전문가들은 "지역 내 각종 도시 재개발사업을 지도상에서 점으로 표시하면 부산지역 거의 대부분이 해당될 것" 이라는 이야기를 하곤 한다. 다소 과장된 측면도 없진 않지만 부산 재개발 재건축의 현주소를 상징적으로 표현한 말이 아닐까.

수치적으로 접근해 보자. 부산재개발재건축 시민대책위원회에서 분석한 자료에 의하면 부산지역에서 추진 중인 주택 재건축 및 재개발 구역이 부산 기장군 정관면 정관신도시 규모의 3배에 이른다는 것. 이는 2006년 10월 건설교통부 국감자료를 기준으로 부산지역에서 추진 중인 주택 재개발 및 재건축 190개소(재개발 137, 재건축 53)를 대상으로 분석한 결과이다. 부산지역에서 추진 중인 재개발 재건축 단지 면적이 1천175만 330㎡로 이는 부산 기장군 정관면에 조성 중인 정관신도시 면적(415만 8천636㎡)의 3배 정도에 해당한다는 것이다. 조사에서는 부산지역에서 추진 중인 도심재개발 49개소, 유형유보 32개소, 주거환경개선사업 131개소 등은 제외됐는데 만약 이것까지 포함했다면 그 면적은 더 늘어날 것이다.

그래도 실감이 나지 않는다면 부산진구의 경우를 보자. 부산지역 구·군 가운데 재개발 재건축 추진이 가장 많은 곳은 부산진구로 34개 지역에 사업 면적만 243만 3천889㎡에 달한다. 이는 부산진구 대지 면적의 1/4 규모다. 이제 실감이 나는가?

이왕 나선 김에 좀 더 나가 보자. 부산경제실천연합(이하 부산경실련) 등 일부 시민단체에서는 부산지역에서 직·간접적으로 도시 재개발 및 재건축과 관련된 사람은 적어도 시민 10명꼴에 1명은 될 것이라고 주장하고 있다. 실제 사업지 대상 주민과 이미 신규로 조합원 자격을 획득한 경우이거나 또는 분양권 등을 가진 경우, 그리고 여기에 민간업체에서 눈독을 들이고 있는 곳의 주민 등을 포함하면 이 말이 결코 터무니없지는 않을 것이다.

부산지역에서 추진 중인 주택 재개발 및 재건축 구역은
부산 해운대구 기장군 정관면 정관신도시의 3배에 이른다.
사진은 정관신도시 아파트 모습과 좌광천 모습.

재개발 재건축의 실체

감언에 속고 단견에 울고

재개발 지역 가운데는 "현재 소유 면적만큼 보상을 받아 새로 분양되는 아파트 면적을 가질 수 있다"는 내용의 소위 '1대 1' 감언이설이 활개를 치고 있다.

OS(Outsourcing, 용역업체)요원＊이 흔히 하는 말 "할아버지 지금 24평에 살면 새로 이사 가도 24평 좋은 집에서 살 수 있어예." 현재 가진 땅이나 건물 평수만큼, 재개발되어도 100% 보상해 주겠다는 것이다. 재개발에 대해 조금이라도 알고 있는 사람들은 이 말이 거짓이라는 것을 당장 알지만 재개발의 실체를 전혀 모르는 사람들은 이 달콤한 말에 쉽게 속아 넘어간다. "그게 정말이가, 그럼 해야제." 그러나 실체를 알았을 때는 이미 늦다. 조합이나 조합 추진위의 말을 믿고 인감 동의서를 해 주었다가 관리처분 단계의 감정평가에서 부동산 매매예상가보다 훨씬 낮게 평가돼 경제적 피해와 아픔을 당하는 경우가 부지기수다.

부산 서구의 한 재개발 지역 류모(68)씨는 재개발 조합장의 이 같은 꼬임에 속은 경우. 덜컥 인감도장을 넘겨주었다가 낭패를 봤다. 그리고 때늦은 후회, "내가 속았지 속았어." 류씨가 감정평가 받은 금액은 평당 300만 원 수준, 부동산 매매 예상가(450만 원 수준)에 비해 턱없이 낮았다. 류씨는 지금도 조합을 상대로 투쟁 중이다.

쓰라린 재개발의 아픔. 주민들은 몰라서 속고,
알고도 속는 게 재개발이다.

재개발 지역 주민 대부분은 한마디로 행복을 지키기 위해 아등바등하지만 결국 행복을 저당잡히는 상황을 맞곤 한다. 새 아파트가 있다고 하지만 기존 입주민들에게는 들어갈 능력도 여유도 없다. 빛 좋은 개살구일 뿐.

이 밖에도 도시 재개발은 자연 훼손, 아파트 중심 개발, 획일적 개발 등의 문제를 낳고 있다. 특히 총체적인 마스터플랜과 세부 실행계획 없이 사업구역별로 개발이 이뤄지다 보니 주변과의 유기적 관계를 갖지 못하는 '섬'과 같은 개발이 될 수밖에 없고 결과적으로 교통 및 환경 측면에서 많은 비용을 감당해야 하는 결과를 초래한다.

게다가 사업성만을 목표로 하는 양적 개발에 치우쳐 일상적인 공간에 대한 공공성은 저하되고 도시가 지닌 지역적·문화적 특성을 좀처럼 담아내지 못하고 있는 실정이다. 좀 더 시간을 갖고 시민의 의사를 반영하고 주변과의 연계 및 조화, 해당 지역의 역사와 문화를 담아내는 노력을 기울여야 하지만 대부분의 도시 행정은 그럴 여력이 없어 보인다.

특히 도시의 공간이 담고 있는 시간과 기억을 소중하게 여겨 그것을 없애기보다는 창의성을 더해 재생하는 것이 바람직하지만 업주나 도시 행정력은 도통 관심이 없거나 있다 하더라도 오로지 잿밥에만 관심이 있을 뿐이다. 정성스레 가꾼 나무는 어쩔 것인가? 평생 노력으로 겨우 마련한 내 집은 재개발이라는 이름 아래에선 명함도 내밀지 못한다.

"행복 추구권은 어쩔 것인가"라고 했다간 귀신 씻나락 까먹는 소리라고 핀잔듣기 일쑤다.

그래도 이야기는 해야겠다. 재개발 재건축의 광풍 속에 부산의 영도다리는 어디로 가고, 또 바닷가에 즐비한 창고 건물, 동해 남부선 폐선 부지는 어디로 갈 것인가. 다양한 형태의 골목길과 거리들, 수많은 재래시장 등은 또 어쩌란 말인가?

두껍아 두껍아 새 집 줄게 헌 집 다오

오래전부터 전해 오는 우리 옛 노래에 "두껍아, 두껍아/헌 집 줄게 새 집 다오/두껍아, 두껍아/물 길어 오너라/두껍아, 두껍아/너희 집 지어줄게/두껍아, 두껍아/너희 집에 불났다/쇠스랑 가지고 뚤래뚤래 오너라(왔다)" 라는 것이 있다.

이 노랫말은 도시 재개발 지역에서 많이 통용된다. 왜일까? 흔히 도시 재개발에 반대하거나 재개발 조합과 반대 입장인 비상대책위에서는 이 노랫말을 두고 재개발 시공업체나 정비업체, 조합 측의 주민 설득용 '감언' 이라고 말한다. 하지만 이 노랫말대로 과연 그럴까? 재개발의 실체를 주민 입장에서 보면 새 집이 새 집이 아니다. 허울 좋은 새 집이요. 빛 좋은 개살구임이 단박에 드러난다.

재개발사업을 통해 철거된 주택들은 대부분 저소득층의 소형 주택들인 데 비해 신규 공급되는 주택은 중산층을 대상으로 한 분양주택들이 대부분이기 때문에 정비사업으로 인해 저소득층의 주택난은 되레 심화될 수밖에 없다.

도시 재개발 전문가들은 재개발사업에 따른 원주민의 평균 입주율(재개발 이후 재입주, 재정착률)이 10~20%를 크게 넘지 못하는 것으로 분석하고 있다. 왜냐하면 원주민들이 재정착을 원한다 해도 개발 후 부담 증가에 따른 입주비나 관리비 등의 추가 부담으로 인해 재입주가 불가능한 경우가 허다하기 때문이다. 결국 재개발 지역은 재개발 후 주민의 절대 다수가 재개발 이전의 저소득층 주민이 아닌 중간소득층 이상으로 교체된다.

이는 재개발사업의 목적이 거주민의 주거안정과 해당 커뮤니티의 유지 발전을 목적으로 한다면 현재 우리나라 재개발사업은 그 목적을 제대로 반영하거나 달성하지 못하고 있다는 방증이다. 결국 도시의 재개발이라는 것이 현지주민을 대상으로 추진되는 재개발이 아니라 일반 분양으로 개발이익을 극대화하고자 하는 입장에서 추진된다는 말이 빈말이 아닌 셈이다.

특히 재개발사업으로 일시에 지역이 해체되고 그동안 함께 생활하던 이웃주민들이 뿔뿔이 흩어져 버리게 되자 많은 재개발 지역 주민, 특히 노인들이 외로움과 이웃으로부터 고립, 단절된 듯한 소외감을 갖게 되는 현상까지 나타나고 있다. 재개발이 추진되는 곳에서 유독 노인들의 반대가 높은 것은 바로 이 때문이다. 인생의 말년에 고향을 떠나고 싶지 않은 마음, 새 집에 대한 꿈보다는 이웃과의 단절이 더 무섭고 두려웠기 때문이리라.

어디서 무엇이 되어 다시 만나리

부산지역 재개발 사업지 중에 단 한 명의 주민도 재입주를 하지 않겠다는 곳이 있었다. 그곳은 부산도시공사의 사업지인 부산 남구 용호동 일대 용호 4지구(주거환경개선사업). 2005년부터 사업에 착수해 2007년 중순께 100% 보상을 완료했지만 신축 아파트 입주를 희망하는 주민은 단 한 명도 없었다. 해당 지역 내 기존 가구는 총 183가구이며 이 가운데 보상 대상인 주택 소유주는 114명이었다.

용호 4지구 주민들이 분양을 받지 않고 단순 이주를 택한 주된 이유는 신축 아파트를 분양받을 돈이 없었기 때문이다.

우여곡절 끝에 부산도시공사는 당초 다른 사업지구이던 용호 5지구를 용호 4지구와 합쳐 사업을 추진하기로 하고 설계 및 시공업체 선정(쌍용건설 컨소시엄)까지 끝냈다.

도시공사가 4, 5지구를 합병해 추진키로 한 것은 인근 두 사업 지구를 합치게 되면 효율적인 인력운용으로 원가를 절감, 분양 가격을 낮출 수 있어 궁극적으로 아파트 단지의 가격 경쟁력을 높일 수 있다고 판단했기 때문이다.

낙후된 지역의 도심재생사업으로 진행된 용호 4, 5지구 개발사업은 부지면적 2만 7천여㎡에 총 공사비 826억 원으로 2013년까지 20~25층 규모의 아파트 9개동 총 773세대가 들어설 예정이다.

아파트는 전용면적 85㎡ 이하의 소형 평형대로 건립되며 분양가는 3.3㎡당 500여만 원대에 공급될 계획이다. 쌍용건설은 2009년 말 공사에 들어가 2011년 초에 분양, 2013년 입주를 시작할 예정이다.

한편 '파리 날리는 재개발 주민 입주'를 높이기 위한 방편으로 부산도시공사는 부산 서구 남부민동 남부민 3지구 주거환경개선사업을 전국에서 처음으로 '국민임대주택'에서 '순환형 임대주택'으로 전환하기로 했다.

순환형 임대주택은 재개발 등 도시정비사업으로 이주가 불가피한 세입자들이 사업기간에 임시로 거주할 수 있도록 만든 주택으로, 도시공사는 2013년부터 부산 재개발 지역 이주민들을 위한 주택으로 활용할 계획이다.

정부는 서울 용산 참사 이후 조합과 세입자 사이의 이주보상비를 둘러싼 재개발사업에 따른 갈등을 원천적으로 해결하기 위해 이와 같은 '순환형 임대주택'을 의무화하는 방안을 적극 검토하고 있다. 늦었지만 전국적으로 수천 곳에 달하는 도시정비사업의 성공적인 추진을 위해 꼭 필요한 정책이다.

이참에 '도정법' 36조에 "사업시행자는 재개발로 철거되는 주택의 소유자와 세입자에게 임대주택 등의 시설에 임시로 거주하게 해야 한다"고 규정하고 있음에도 의무사항이 아니라는 이유로 잘 지켜지지 않고 있는 것을 사실상 사문화된 문구를 되살려 '임시주거시설 조성을 의무화'하는 강제의무조항 형태로 만들어야 한다.

뒤늦게나마 원주민을 위한 정책이 하나둘 나오고 있긴 하지만 그럼에도 불구하고 재개발의 문제는 재개발사업을 통해 철거된 주택들은 대부분 저소득층의 소형 평형 주택들인 데 비해 신규 공급되는 주택은 중산층을 대상으로 한 분양주택들이 대부분이기 때문에 정비사업으로 인해 저소득층의 주택난은 더 심화되고 있다는 것이다. 뿐만 아니라 재개발사업으로 저소득층의 생활 근거지가 점차 줄어들고 있어, 전반적인 주거사정은 개선되는 듯하나, 저소득층의 주거사정은 오히려 더 악화되고 있다는 것이다. 나아가 주변에서 재개발이 동시다발로 추진되면서 값싼 살림집이 사라져 서울 등 일부 지역은 '전세대란'에 휩싸이기도 한다는 점이다.

문득 가수 유심초의 노래 '어디서 무엇이 되어 다시 만나리'라는 노래가 생각난다.

"(…) 이렇게 정다운 너 하나 나 하나는/어디서 무엇이 되어 다시 만나랴/너를 생각하면 문득 떠오르는 꽃 한 송이/나는 꽃잎에 숨어서 기다리리/이렇게 정다운 너 하나 나 하나는/나비와 꽃송이 되어/다시 만나랴."

재개발로 생활 근거지를 잃은 주민들. 그들은 나중에 어디서 무엇이 되어 다시 만날 수 있을까?

자기 고향에서 평생을 살아온 사람들. 그들에게 있어 내 고향, 내 이웃은 단순히 수천 수억 원의 돈으로 바꿀 수 없는 그 무엇이다. 그런 그들이 하루아침에 뿔뿔이 흩어져 언제 만날지 모르는 기약 없는 상황이 되었다고 생각해 보라.

우리는 어찌합니까?

부산진구 당감동 지역에서 30여 년 넘게 유치원과 어린이
집 등을 운영해 오고 있는 김모씨는 이제 유치원 사업을 접어
야 할 처지가 됐다며 한숨을 짓는다. 이유는 김씨가 운영하는
유치원과 어린이집(대지 면적 800여 평 규모)이 주택재개발
지역에 들어가면서 없어질 처지에 놓였기 때문이다.

"임대를 받아 다른 곳에서 교육사업을 하고 싶어도 돈이 없
어 하기 힘들고 1년을 쉬자니 허가가 취소되기 때문에 이러지
도 저러지도 못할 형편입니다." 김씨의 하소연이다.

김씨처럼 현재 부산지역에서 이루어지고 있는 재개발 재건
축 등 도시정비사업으로 인해 일부 정비구역 사업지 내에 있
는 수십 곳의 유치원, 교회, 사찰 등이 법적 · 제도적 사각지대
로 내몰리면서 사라질 운명에 놓이게 있다.

이는 도시정비사업과 관련, 관계법(도시 및 주거환경정비
법) 및 부산시 도시정비 조례에서는 어린이집 등 보육 · 아동
복지시설, 교회나 사찰 등에 대해 특별히 언급해 놓고 있지 않
았기 때문.

도정법 제16조 제2항 주택재건축에서는 이러한 점을 미리
방지하기 위해 복리시설을 하나의 동으로 보고 2/3 이상의 동
의를 받도록 명시해 놓고 있지만 주택 재개발에서는 이런 부
분들이 빠져 있어 상가시설이나 교육시설, 종교시설 등 소유
자들의 반발이 극심하다.

다만 주택법의 주택건설 등에 관한 규정 제52조를 보면 "2천 세대 이상의 주택을 건설하는 주택단지에는 유치원을 설치할 수 있는 대지를 확보해 그 시설의 설치 희망자에게 분양해 건축하게 하거나 유치원을 건축하여 이를 운영하고자 하는 자에게 공급하여야 한다"고 명시돼 있다.

하지만 부산지역만 보더라도 지역 내 주택재개발 구역 중 2천 세대 이상이 들어서는 곳은 동래구 온천동 온천 2 주택재개발 등 10여 곳을 넘지 않고 있다. 결국 이들 10여 곳에서는 별도의 대지를 확보해 유치원이 들어설 수 있으나 나머지는 아파트 단지 내 상가 등을 분양받아야 하거나 그렇지 않으면 아예 처음부터 배제되는 상황으로 내몰리고 있는 실정이다.

재개발 참여 건설업체도 유치원이나 교회, 사찰 등을 별도 공간으로 확보하면 사업성이 낮아지는 상황에서 이들을 배제한다고 해서 법적으로 위반 사항도 아니기 때문에 굳이 이들 시설을 독립구조로 뽑아서 지으려 하지 않고 있다.

이러다 보니 재개발 등 사업지 내 유치원들은 하나둘 사라질 수밖에 없는 처지다. 어린이를 보호하고 교육하는 기관이 도시정비사업으로 인해 제대로 보호받을 수 없음은 국가적으로 큰 손실이며 잘못이다.

이는 교회나 사찰 등 종교시설도 된서리를 맞기는 마찬가지이다. 철거 대상 지역에 건물을 갖고 있는 교회나 사찰들은 시가보다 낮은 보상비를 받을 수밖에 없고, 임차를 해도 이주비용을 적게 받아 변변한 장소를 찾지 못하고 있는 실정이다.

공익사업을 위한 토지 등의 취득 및 보상에 관한 법률에 따르면 비영리법인인 종교시설은 영업보상 대상에서 제외돼 임차 교회나 사찰의 경우 대부분 1천만 원 안팎의 이사비만 받는다. 일부라도 영업 손실 보상을 받을 수 있는 일반 상가 세입자보다 못한 처지다. 여기에다 교회나 사찰은 재개발 과정에서 뿔뿔이 흩어지게 되면 종교시설의 가장 중요한 자산인 인적 네트워크가 무너져 다시 신도들을 모으기가 힘들어진다.

오늘도 부산 동래구 명륜동 금강암 등 이른바 작은 사찰이나 교회들은 재개발의 논리에 하나둘 설 자리를 잃어 간다.

재개발 지역 사찰이나 교회 등은 재개발의 개발 논리에 하나둘 설 자리를 잃어 가고 있다.
사진은 부산 동래구 명륜동 재개발 지역의 한 사찰.

생짜배기, 그 뒷골목

부산 부산진구의 한 아파트는 지어진 지 불과 5년도 안 됐지만 재개발 구역에 포함돼 헐리는 처지가 됐다. 그 지역 재개발조합설립추진위원회가 승인되고 정비구역으로 지정이 완료될 때까지도 아파트 입주민들은 재개발 편입 사실을 까맣게 모르고 있었을 정도였다.

재개발은 노후 주거지의 환경 개선이 주목적임에도 불구하고 아파트 단지의 일부이자 4~5년밖에 안 된 새 건물이 재개발 대상지로 편입, 헐리는 상황이다. 심지어 지은 지 10년 미만의 생짜배기 건물들이 재개발이란 이름 아래 소리 소문 없이 사라진다.

비단 부산뿐만 아니라 서울 등 전국에 걸쳐 일어나는 일이다. 엄청난 사회적 낭비요, 국가적 낭비이며 자원의 낭비다. 그리고 폐해다.

매입 재개발의 경우 지은 지 10년 미만의 건물들이 뜯기는 경우도 비일비재하다. 사진은 부산 연제구 거제동 매입 재개발 지역의 한 건물. 지은 지 얼마 되지 않은 생짜배기 건물이 헐린다. 국가적 낭비요, 사회적 낭비다.

오염은 또 어떻게 할 것인가. 석면 때문에 조심해서 다뤄야 할 슬레이트가 콘크리트 더미에 뒤섞여 나온다. 발암물질이 들었을지도 모를 내장재가 마구잡이로 뜯겨 흩어진다. 건설 폐기물은 현장에서 분리한다는 원칙도 철거현장에서는 대부분 말뿐이다.

실제로 대구환경운동연합이 조사한 바에 따르면 대구 일부 재개발 지역에서는 1급 발암물질인 석면이 검출되기도 했다. 이들 지역은 신서혁신 개발지역 2곳을 비롯해 동구 용계동 3곳 등으로 석면 농도는 최소 1% 미만에서 최대 3%까지로 조사됐다. 현행 산업안전보건법에는 사용금지 석면제품 기준농도를 0.1%, 지정폐기물로 처리해야 할 경우는 1%로 제한하고 있다.

특히 동구 용계동 철거지역의 경우 1년 가까이 방치되면서 인근 지역으로 석면가루가 날아갔을 가능성이 매우 높은 것으로 진단했다. 부산에서도 해운대구 중동 재건축 단지인 AID 아파트 철거공사 현장에서 석면이 발견돼 공사가 중단된 바 있다.

재개발 재건축 사업은 그 규모가 방대하고 보상문제 등으로 이주가 완료되지 않은 상태에서 철거가 이루어지는 경우가 많다. 따라서 작업에 투입되는 근로자뿐만 아니라 인근주민도 석면에 노출될 위험이 크다. 또한 철거만 끝나면 그만이라는 생각에서 사전에 석면 유무에 대한 조사 없이 일반 건축물처럼 중장비를 이용해 마구잡이로 철거하는 사례가 발생하는 등 허술하게 관리되고 있다.

　이외에도 철거 현장의 뒤에는 내팽개친 양심으로 생활 쓰레기도 넘쳐난다. 철거 현장은 사업이 본격적으로 시행되기 전까지는 철조망이나 가림막만 쳐져 있을 뿐 관리가 제대로 되지 않는다. 이런 부실한 관리 상태를 틈타, 도시민의 버려진 양심 지역이 되어 버렸다. 결국 재개발과 관리의 부실을 틈타 도시 곳곳은 우리의 양심이 쓰레기 더미와 함께 썩어 가고 있다.

'공익'이란 말에 의문을 제기하다

전국 대도시 및 주요도시에서는 '공익'이라는 이름 아래 도시 재개발이 추진되고 있다. 주민들의 반발이나 민원이 있을 때면 언제나 전면에 내세우는 말 '공익', 그러면 정말 도시 재개발은 공익의 이름 아래 이루어지고 있는 것일까?

따져보면 실상은 그렇지 않다. 공익은 빈껍데기일 뿐이다. 일례를 들어보자. 원주민(혹은 조합원)을 대상으로 지급되는 토지 보상금이나 분담금을 책정할 때, 공익적 목적이라면 공시지가나 표준지공시지가 기준에 개발 이익이 고려되어야 한다. 하지만 현실은 그렇지 않다. 재개발 후 신규 아파트에 대한 분양가 책정도 마찬가지다. 정말 공익적 차원이라면 원주민의 재정착을 위해서라도 분양가를 낮추는 게 맞다. 그렇게 보면 공익을 내세운 재개발은 껍데기에 불과할 뿐, 재개발은 궁극적으로 건설독점자본의 사익일 뿐이다.

중소 규모의 종교, 교육, 문화, 복리시설에 대한 현실성 없는 보상과 이주대책도 공익성을 상실했다. 진정한 공익적 재개발이라면 개발 이익은 인간을 위한 부의 재환원이나 주거복지로 유인되어야 마땅하다. 대한민국은 이제 더 이상 공익을 빌미로 평화롭고 고귀한 인간의 삶을 파괴하지 말아야 한다.

흔히 사람들은 공익이라는 말을 무조건적으로 좋은 의미로 받아들이고 있지만 2차 세계대전 당시 독일 나치의 비인간적인 행위 또한 공익이라는 이름 아래 저질러졌다는 것을 알아야 한다. 이처럼 공익은 극단적으로 국가 우월적 이데올로기의 유용한 표현방식이 될 수도 있다.

누구를 위한 것이 공익인가. 재개발에 있어 공익은 다분히 행정편의주의를 위해 앞세우는 이름일 뿐이다. 주민은 사실상 배제된 채 투기꾼이나 건설업체를 위한 것이 진정 공익인지 되묻지 않을 수 없다.

공익의 시행에 있어 민주적 절차와 공개적 행정 집행 또한 중요하다. 또 다원주의 사회에서는 수많은 이익이 얽힐 수 있으므로 여러 이익들 가운데 어느 이익을 우선할 것인지도 고민되어져야 하며 이에 대한 조정과 통로 마련도 필요하다.

그런 의미에서 늦었지만 지금이라도 진정한 공익의 의미를 되짚어 보아야 하고, 공익에 대한 재검토가 필요하다. 또 뉴타운 등의 재개발과 관련해 개발이익이 실제 개발 지역에서 살고자 하는 원주민에게 돌아갈 수 있도록 하는 '도시재생특별법(가칭)'을 만드는 방안도 이참에 고민되어져야 한다.

실제 개발 지역에서 살고자 하는 원주민에게 혜택이 돌아갈 수 있도록 하는 도시재생특별법(가칭)을 만드는 방안도 고민되어져야 한다.

재개발과 검은 커넥션

복마전 '재개발'

　재개발사업의 경우 공공성이 강한 도시계획사업이지만 민간이 개발 이익을 전제로 사업을 추진하는 데서 문제는 출발한다. 민간이 하다 보니 공공성은 뒷전으로 밀려나게 되고 결국 사업성 위주로 진행하다 보니 개발이익(수익확보)을 둘러싸고 갈등과 비리가 발생하는 것이다. 재개발을 두고 '황금알을 낳는 거위'라고 하면서도 '비리의 온상', '무법천지의 장'이라 하는 이유는 바로 여기에 있다.

　구조적으로 들어가 보자. 재개발이나 재건축 사업은 수익성 확보가 최대 관심사이기 때문에 시공사 등 사업 참여업체(감정 평가, 설계, 철거, 새시, 금융 등) 선정에서부터 선정기준과 절차 미비 등으로 부패 행위가 빈발할 수밖에 없는 구조를 지니고 있다.

특히 재개발사업의 경우 건설업체 선정 관련 법령이 불명확해 시행과정에서 혼란을 초래하거나 부패 유발요인으로 작용하기도 한다.

사업 시공사에 대해선 업체 선정 절차를 일부 규정하고 있으나 공동시행자에 대한 정의, 업체선정 방식, 시공사와의 관계 등에 대한 규정이 거의 없어 건설회사가 사전에 개입할 소지가 많을 수밖에 없다.

흔히 '재개발과 비리는 불가분의 관계에 있다'고 한다. 그만큼 재개발은 일반인들의 뇌리 속에 비리의 소굴로 깊게 각인돼 있다는 의미리라. 최근 부산지역에서 재개발 비리하면 떠오르는 것이 '연산동 재개발 로비 의혹, 일명 김OO 로비 의혹'일 것이다.

세간에서는 건설업자 '김모씨의 로비 의혹'이 속속 드러나면서 주택 매입 개발 등 주택 재개발사업의 '구조적 비리'에 새삼 놀랐다. 그동안 재개발과 관련된 비리는 있어 왔지만 김씨 로비 의혹의 경우처럼 '전방위'는 아니었기 때문이다.

부동산 관계자들은 부산지역에서 펼쳐지는 각종 재개발 등 주택 도시정비 관련 사업규모가 70조에서 100조 원에 이를 것으로 추산하고 있다. 이러한 막대한 부동산시장에서 재개발 (여기서는 주택 매입 개발 등을 포함한 광의의 개념)의 상관구조는 건설업체(시공사)–정비업체(사업시행 대행)–철거업체–은행(자금지원)–조합이나 지역 유지–행정기관–정치세력 등과 밀접하게 연관된다.

이들은 서로 얽히고설켜 마치 먹이사슬의 구조를 보인다. 먹이사슬처럼 얽힌 재개발사업, 재개발사업은 상관 구조상 어느 한쪽에서 마음만 나쁘게 먹으면 유착이나 로비, 그리고 비리가 쉽게 싹틀 수 있는 것이다.

검은 커넥션의 실체

흔히 주택 매입 개발 사업 등 재개발사업에서 많이 드러나는 검은 커넥션은 다음의 몇 가지 유형으로 집약된다.

가장 문제가 되는 것은 시행사와 시공사의 유착 부문. 특정한 토지를 놓고 시공사의 어느 선(인맥 등)을 연결해 올라가느냐에 따라 시공 여부가 결정되기 때문이다. 따라서 시행사는 시공사의 시공 약속을 위해 사활을 걸고 로비를 하게 된다. 이 과정에서 정경유착, 정치권 개입 등 다양한 경로를 통해 시공사에 압력이 들어갈 수 있다.

만약 시공사가 중요한 관급공사나 대규모 프로젝트와 연결되어 있다면 정치권이나 정부의 직·간접적인 압력으로부터 자유롭지 못할 것이다.

시행사와 금융권 또는 건설사(시공사)와 금융권 간의 유착도 빼놓을 수 없다. 돈 없는 시행사와 사업부지에 대한 소유권 없이 공사를 하려는 시공사가 개발사업의 핵심고리. 이 과정에서 자금조달에 대한 외압이 비리의 핵심이다. 돈이 있어야 모든 사업이 가능하고 로비도 가능하기 때문. 이에 따라 시행사나 시공사는 사업추진에 사활이 걸린 자금을 확보하기 위해 적극적으로 금융권 로비를 시도하게 된다. 금융권과의 결탁으로 자금을 확보한 시행·시공사는 막강한 힘을 가지게 되고 그 자금은 결국 정치권과 조직폭력배, 기타 로비자금으로 사용된다.

또 하나 아파트 사업에서 거론하지 않을 수 없는 것이 PF 대출과 이로 인한 나눠 먹기 관행이다.

통상 택지개발지구나 민간 택지에 짓는 아파트는 시행사가 땅을 사서 금융기관에 프로젝트 파이낸싱(PF) 형태로 돈을 빌려 땅값을 치른 뒤 건설업체가 시공하게 된다, 이 과정에서 시행사와 시공사, 금융기관이 각각 이윤을 나눠 먹는다. 이윤을 높이기 위한 가장 손쉬운 방법은 분양가를 올리는 것. 이로 인한 피해는 결국 소비자의 몫이 될 수밖에 없다.

금융기관은 PF 대출 대가로 통상 사업비의 7~8%를 가져간다. 시공사(건설사)는 통상 10% 안팎의 시공마진을 가져간다. 문제는 시행업체. 1천억 원짜리 사업이라도 시행사는 전체 사업비의 1~2%에 불과한 토지 계약금만으로 사업을 할 수 있다. 땅값은 PF로 조달하고, 시공은 건설업체가 맡기 때문이다. '봉이 김선달'이 따로 없는 셈이다.

행정기관도 자유로울 수 없다. 특히 주택 매입 개발 사업의 경우, 시나 일선 구·군청에서는 도정법에 의한 재개발을 추진하도록 적극 유도하는 것이 정석이다. 하지만 해당지역 사업 시행사 측에서는 지역 유지나 친분이 있는 정치세력 등을 동원, 행정기관에 로비를 벌여 건축법이나 주택법으로 사업을 추진함으로써 임대주택 등 세입자 이주대책과 공공시설부담 등 다양한 부담을 줄이는 편법을 수행하고 있다.

또 정비업체들이 재개발·재건축의 초기단계에서 지역 유지나 조합 추진위 등과 유착돼 선정되고 이로 인해 건설사를 끌어 오고 또 이 과정에서 지역 정치조직 등이 개입해 행정기관의 감시감독을 피하는 사례도 있다.

실제 일부 정비업체 가운데는 건설사(나중에 시공사가 되는 경우가 많음)와 미리 재개발정비구역의 사업성을 계산해 본 후, 사업성이 충분한 것으로 나타나면 주민들 중 지역 유지 등을 중심으로 경비나 활동 자금 등을 지원해 주면서 이들을 중심으로 추진위를 구성한다. 물론 추진위에 제공되는 경비나 활동 자금은 명목상 정비업체에서 지원하는 것으로 되어 있지만 실질적인 지원은 나중에 시공사가 되기 위해 정비업체로부터 사전 약속을 받아 놓은 건설사의 자금이다.

대부분 재개발을 모르는 추진위원들은 정비업체의 자문 아래 재개발에 앞장서기 시작한다. 정비업체에서 OS요원을 동원해 재개발에 대한 환상을 주민들에게 심어 준다. 소위 재개발 재건축에 있어 가장 흔한 수법인 '1대1 보상' 등도 이 과정에서 나온다. 또 주민들의 동의용 인감을 받아가는 과정에서 대부분 사업을 빨리 진행한다는 이유를 들어 인감을 한꺼번에 3~4통씩 받아간다. 이 경우 주민들은 추진위가 하자는 대로 이끌려 갈 수밖에 없다. 대부분의 원주민들은 여기에서부터 서서히 재개발 구렁텅이로 빠져든다.

정비업체로부터 자금을 지원받은 추진위는 그만큼 목소리는 작아지고 갈수록 정비업체의 꼭두각시가 되어 간다. 이런 상황에서 정비업체와 건설사는 사전 각본대로 시공사 선정 작업을 서두르게 되고, 추진위 역시 재개발 지역 주민들의 입장을 대변하기보다는 거대 시공업체가 하자는 대로 끌려가게 된다.

이런 '검은 커넥션'이 복합적으로 이루어지는 경우도 있다. 실제로 2007년 부산 연산동 재개발 비리처럼 정치인이 후면에서 금융사를 움직여 자금을 대출받도록 하고 사업대행사가 사업을 추진하고 로비활동을 벌여 행정기관의 특혜를 받는 형식이 이에 해당된다.

편법과 로비로 얼룩진 이러한 재개발은 결국 균형적인 도시 재정비가 되지 못하고 마구잡이식으로 추진돼 특혜 시비를 불러일으키는 본거지이다.

재개발 비리가 지속되는 이유 중 또 하나는 개발 사업자들이 여러 수단을 동원해 행정기관이나 경찰, 검찰 등 국가감시 기구 등을 무력화시킨다는 것. 심지어 법을 위반했어도 가볍게 처벌받거나 아예 면죄부를 받기 때문이기도 하다.

검은 커넥션 끊을 수는 없나

구조적 허점이 많다고 해서 그저 손 놓고 있을 수는 없는 노릇이다. 왜냐하면 제2, 제3의 재개발 비리는 지금도 계속되기 때문이다.

관련 전문가들은 단계마다 구체적인 자격 요건이 요구된다든지 하는 구조적인 보완책이 필요하다고 입을 모으고 있다. 가령 시행사가 초기 계약금을 조달하는 과정에서 흔히 발생하는 시행사 금융권 간 검은 커넥션을 줄이기 위해서는 대형 자금을 다루는 곳의 감시를 더 엄격하게 해야 한다는 것이다. 이 과정에서도 시공사의 지급보증 등이 발생할 경우 시공사에 엄히 책임을 묻게 된다면 쉽게 시공사가 비리에 개입하지 못할 것이다.

주택재개발사업이 또 외압에 의해 진행된 것이 드러날 경우, 관급공사를 일정기간 수주하지 못하게 규제하는 것도 한 방안이 될 수 있다.

그러나 또 다른 건설업체 관계자는 "편법을 동원해 기간을 단축시키고 허가를 빨리 얻으려는 마음 자세가 바뀌지 않고서는 검은 커넥션은 결코 사라지지 않을 것"이라고 말했다. 철저한 감시의 눈과 업계 스스로의 자정 노력이 없다면 요원하다는 얘기다.

그렇다고 방법이 전혀 없는 것은 아니다. 재개발과 재건축의 문제를 해결할 수 있는 방안은 투명성과 전문성이다.

　　재개발 및 재건축 사업은 지구 내 토지 및 건물소유자로 구성된 조합이 추진하는 사업이다. 그러나 대부분의 조합원은 사업내용에 대해 정확하게 알지 못하고 사업을 사실상 주도하고 있는 조합집행부 역시 사업에 대한 전문성이 부족한 실정이다. 따라서 재개발 재건축 사업이 제대로 추진되기 위해서는 무엇보다 조합이 전문성을 갖고 투명하게 사업을 추진할 수 있도록 제도적 장치가 보완되어야 한다. 여기에 또 하나 덧붙이고 싶은 점은 최근의 재개발 재건축 소송과 맞물려 사법부의 전문성이 절대적으로 필요하다는 것이다.

재개발은 환상이다.
장밋빛 환상은 결국
잿빛 결론으로 끝난다.

부동산 프로젝트 파이낸싱(PF) 대출의 구조

건설사가 금융사에 돈을 빌릴 때 주로 사용하는 것이 프로젝트 파이낸싱(Project Financing)이다.

PF 대출은 돈을 빌려 수익이 많이 나는 사업에 투자하고 나중에 거기서 나오는 수익금으로 빚을 갚는 방식이다. 일반 은행 대출과의 차이점은 빌리는 사람이 당장 빚을 갚을 능력이 없거나 담보가 없어도 별 문제가 없다. 한마디로 사람보다 사업이 우선이다. 빌려간 사람이 망해도 투자한 사업만 잘되면 거기서 나오는 수익금으로 빚을 갚을 수 있다. 그런 만큼 투자할 사업이 정말 돈을 벌 수 있는가가 중요하다. 또 빌려 간 돈으로 딴 짓을 하지 않고 약속한 사업에만 투자하도록 해야 한다. 그래서 금융회사가 PF 대출을 해 줄 땐 사업을 계획할 때부터 빌리는 사람과 함께 검토하고 사업 진행도 세밀하게 점검한다.

사업 전망은 좋은데 그 사업을 추진할 사람이나 회사의 신용이 부족할 때 유용한 방법이다. 보통 큰 건설공사는 일을 계획하고 진행하는 시행사와 직접 공사를 맡는 시공사가 따로 나뉘어 있다. 시행사는 땅 주인이거나 개발 사업 아이디어만 가진 조그마한 회사인 경우가 많다. 그래서 은행에서 돈 빌리기가 쉽지 않다.

은행 입장에서도 높은 금리를 받을 수 있어 빌려 주고 싶은데 규정상 빌려 줄 수 없어 안타까웠는데 그래서 생각해 낸 것이 바로 PF 대출이다. 시행사가 서류상 회사를 만들어 땅을 투자하고 은행은 여기에 돈을 빌려 준다. 혹시 떼일지 모르니까 건설회사가 공사를 끝까지 책임지겠다는 보장을 한다. 나중에 문제가 생기면 돈도 대신 갚겠다는 보증도 한다.

은행 입장에서는 분양만 되면 대출금을 거둬 갈 수 있고 나중에 아파트 담보대출도 해 줄 수 있으니까 '꿩 먹고 알 먹고'인 셈이다.

그런데 문제는 바로 이것! 너무 쉽게 돈을 벌게 되니 은행들이 수익이 얼마나 날지 제대로 평가하지 않고 돈을 빌려 주기 시작한 것. 은행보다 뒤늦게 이 사업에 뛰어들게 된 증권사나 저축은행들은 더 심했다. 은행에서 퇴짜를 당한 위험한 사업에도 돈을 내준 것. 그래서 2000년에는 1조 원을 조금 넘겼던 PF 대출 규모가 2008년에는 무려 60조 원 이상으로 커졌다. 결국 분양 시장이 장기적으로 어려워지면 PF 대출은 언제라도 사회문제가 될 수 있다는 이야기다.

몰라서 저지르고, 알고도 저지르고

도시 재개발 재건축의 문제는 이들 사업이 '잘못 채워진 단추' 처럼 출발부터 근본적으로 잘못된 경우가 많다는 것이다. 이는 어느 특정 도시나 지역에 국한된 문제가 아니라 대한민국이라는 나라 전체의 문제다.

무엇보다 재개발이나 재건축이라는 것이 주민들의 사업추진의사가 먼저 선행되어야 하는데 현실은 정반대인 경우가 많다는 점이다. 실제로 상당수 재개발사업의 경우, 주민들의 사업추진의사보다는 정비업체 등이 OS요원을 동원해 개발이익을 부풀려 이야기해 근거 없는 말을 만들고 소요자금을 지원하면서 사실상 주민 제안을 유도하는 방식으로 이루어지고 있다.

둘째는 원칙적으로 자치단체의 정비계획 수립 후에 주민이 자율적으로 사업을 추진해야 하지만 상당수가 정비계획 수립 전에 주민 제안으로 시행되고 있다. 이로 인해 도시계획은 뒷전으로 밀리고 결국 기형적인 도시 개발이 나타나게 된다.

재개발사업을 추진하면서 나타나는 업체 유착 및 로비는 이미 곪을 대로 곪아 있다. 예를 들면 이렇다. 준비위 또는 추진위가 수립한 정비계획 반영을 위해 자치단체장 및 지방의회, 지방도시계획위원회 등에 로비 및 영향력을 행사하는 것이다. 지난 2006년 9월 〈경기일보〉는 인천시 도시계획심의위원인 시의원이 부평시 주택재개발 정비사업지구 지정과 관련해

청탁을 받고 1천만 원을 수수한 내용의 기사를 실었다.

알고도 저지르는 잘못은 이 밖에도 부지기수다. 한 외국인의 끈질긴 노력으로 한옥이 지켜진 것으로 2009년 6월 언론의 주목을 받았던 서울 성북구 동소문동 재개발 지역. 서울시는 실제로는 철거가 돼 건축물대장 등에서만 존재하는 건물을 노후, 불량 건축물에 포함시켜 20년 넘은 노후 불량 건축물이 60% 이상이 되도록 만들었다.

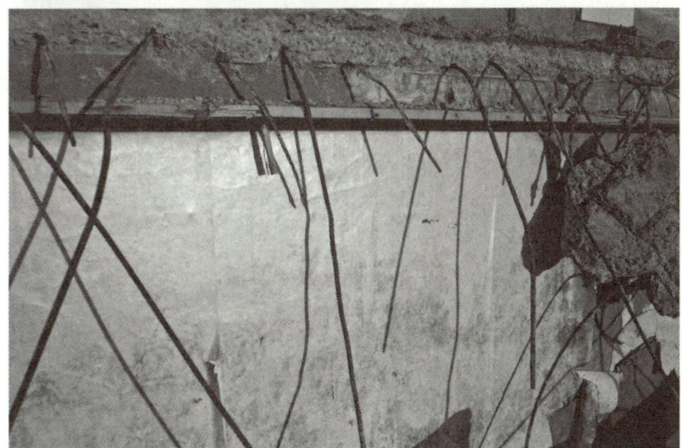

누구를 위한 철거인가?
주민? 건설업자? 투기꾼?

결국 지금은 없는 건축물을 현존하는 건축물인 양 둔갑시켜 기준에 적합하도록 끼워 맞춘 것은 죽은 사람을 징집한 것(백골징포)과 다르지 않다.

또 있다. 2009년 5월에 있었던 일이다. 도시 재건축 재개발 사업을 진행하면서 수천만 원에서 수천억 원의 뇌물을 주고받은 서울지역 8개 구청 공무원과 전·현직 지방의회 의원, 부동산개발업자 등 23명이 무더기로 적발됐다. 공무원 중 일부는 개발업자와 밀착, 동업자 관계를 유지하고 철거 예정 주택을 싼값에 사들이거나 승용차를 뇌물로 받은 경우도 있었다. 재개발 재건축 사업이 공무원들의 '뇌물 잔치' 라는 것이 다시 한 번 입증된 셈이다.

줄 잇는 무효 판결 어찌할 것인가?

재개발사업 추진 과정에서 조합원들의 동의를 제대로 구하지 않았거나 편법으로 사업을 추진한 조합에 대해 최근 법원이 잇따라 제동을 걸고 있다. 사업의 제동이 걸린 곳은 부산에서만 해도 여러 곳이다.

부산고법에서는 2009년 초 부산진구 ○○재개발, 해운대구 ○○재개발, 사하구 ○○재개발 등은 조합원의 비용 분담을 명시하지 않았다는 이유로 조합설립 무효판정을 내렸다. 아직까지 대법원 상고 등을 남겨 놓고 있으나 재개발사업에 있어

파장은 만만치 않을 것으로 전망된다.

아직 결정 난 바는 아니지만 부산 서구, 동래구, 사상구, 북구 등 상당수 재개발 지역도 조합설립 무효와 관련해 소송이 진행 중인 상태여서 향후 법원의 판결에 따라 더욱 확산될 것으로 보인다.

확산된 불은 법원 무효 판결로 끝날 것 같지 않아 보인다. 이로 인해 해당 주민들이 금전적, 정신적 피해를 입는 예기치 못한 부작용이 나타나고 있는 것이다.

조합설립 무효 판결을 받은 사업장 시공업체들은 사업에 차질이 빚어져 현재까지 재개발사업에 들어간 비용을 조합원들에게 청구할 가능성이 높아지고 있다.

재개발이나 재건축 사업을 완료한 아파트도 소송은 끊이지 않고 있다. 부산의 한 재건축 아파트는 전국에서도 알아주는 대단지 아파트다. 하지만 이 아파트는 재건축이 완료되고 입주한 지 수년이 지났지만 아직도 조합원 시공사 간 소송이 진행 중이다.

부산의 또 다른 재개발 지역 아파트는 입주민들이 천문학적 소송을 제기해 언론의 주목을 받기도 했다.

빈곤의 악순환, 세입자의 절망감

대한민국이 재개발의 장밋빛 환상에 빠져 있다. 살고 있는 곳이 재개발되면 좀 더 나은 삶을 살 수 있을 것이라는 기대 속에 주민들은 재개발을 반기고 있지만 그들을 기다리는 것은 비참함이다. 재개발 재건축 지역 조합원은 세입자에 비하면 그래도 나은 편이다.

손모(53)씨는 부산진구 한 재개발 지역 내 쪽방에서 월세 10만 원을 내며 생활했다. 별도의 보증금이 필요 없어 박씨에게는 이 쪽방이 작지만 소중한 공간이었다. 하지만 동네가 재개발된다는 소식을 들었을 때는 이미 늦었다. 박씨의 손에는 주거상실에 대한 쥐꼬리만 한 보상금이 전부였다.

부산 사하구에서 작은 점포를 운영하던 최모(55)씨는 점포를 내기 위해 권리금 1억 원을 포함, 2억 원 이상을 투자했으나 재개발로 그가 보상받은 돈은 고작 3천만 원뿐이었다. 영업보상비는 고사하고 조합이 산정한 보상비로는 아무것도 할 수 없는 처지. 권리금은 기존 점포를 인수할 때 상인이 관행적으로 지급하는 돈이지만 법의 보호를 받지 못했다. 당연히 보상금 산정 기준이 되는 토지보상법도 권리금을 인정하지 않고 있다. 재개발 재건축에선 적어도 세입자들에게 내일은 없다.

문득, 시인 윤성학의 「소금 시」가 생각난다.

로마 병사들은 소금 월급을 받았다/소금을 얻기 위해 한 달을 싸웠고/소금으로 한 달을 살았다/나는 소금 병정/한 달 동안 몸 안의 소금기를 내주고/월급을 받는다/소금 방패를 들고/거친 소금밭에서/넘어지지 않으려 버틴다/소금기를 더 잘 씻어내기 위해/한 달을 절어 있었다/울지 마라/눈물이 너의 몸을 녹일 것이니

재개발과 시민 감시

부산지역에서 재개발 재건축에 대한 관심은 2005년 1월 만들어진 부산 재건축, 재개발, 도시정비 연구회 모임인 〈나비 도시정비 연구회(http://cafe.naver.com/pcrs)〉가 출발선이다.

이 연구회 모임은 처음에는 주로 인터넷상에서 정보 교류를 시작했다. 이와 함께 2005년 1월부터 2007년 1월까지 부산지역 10여 곳에서 재개발반대 주민대책위가 결성되었으며 부산경실련과도 연계하는 등 활동을 본격화한다. 이어 2007년 1월 부산진구 재개발 반대 주민대책위가 결성되고 2007년 4월에는 부산 재개발 재건축 시민대책위가 결성된다. 2009년 2월엔 부산시민대책위와 부산경실련, 주민대책위, 시민사회단체의 부산 도시재생네트워크가 결성됐다. 최근에는 부산지역 중심에서 탈피, 전국적 주민 중심의 도시정비연구회로 거듭났다. 도시정비연구회는 각종 무효소송, 위헌제청 활동, 입법개정 등 다양한 주민 중심의 활동을 펼쳐 나갈 계획이다.

도시정비법의 모순

상선약수(上善若水)

노자의 도덕경 여덟 번째 장에 '가장 좋은 것은 물과 같다'는 의미의 '상선약수(上善若水)'라는 말이 나온다. 이어지는 '물은 온갖 것을 이롭게 하면서도 다투지 않는다(水善利萬物而不爭)'라는 말이 '왜 상선약수인가'에 대해 답해 주고 있다. 한마디로 자연과 우주의 이치를 거스르지 않는 물의 흐름을 통해 예지를 배우라는 뜻일 것이다.

그렇다면 사람이 만든 국가의 법(法)도 물처럼 흘러야 마땅하다. 법(法)이라는 글자를 파자해 보면 물(水)이 흘러간다(去)는 의미다. 법은 마땅히 물이 흘러가듯 시대 흐름에 부응해야 함을 암시하고 있다 하겠다. 그래서 법은 상선약수의 이치에 반하지 않아야 한다.

상선약수의 이야기를 길게 한 것은 도시정비법 때문이다. 도시 재개발, 재건축의 비리와 모순의 악순환은 사실 '도정법' 에서부터 문제점을 떠안고 있기 때문이다.

가장 큰 문제는 이미 앞에서도 언급했지만 주민 합의 무시다. 재개발과 재건축 사업이 무엇보다 주민 합의가 기본임에도 불구하고 이 부분을 너무 쉽게 간과하고 있다.

재개발 재건축은 주민의 이해관계가 첨예하게 대립될 수밖에 없는 구조다. 그렇다면 이를 뒷받침하는 법적인 테두리는 확실해야 한다. 하지만 소위 도정법은 코에 걸면 코걸이 귀에 걸면 귀걸이(이현령 비현령) 수준이다. 너무 애매한 문구가 많아 해석하기가 난해하고 문구 또한 명쾌하지 않다. 그러다 보니 심지어 법원 판결조차 오락가락하는 경우도 있다.

재개발 조합이 건물 세입자와 보상에 합의하지 않아도 구청으로부터 관리처분 계획인가만 받으면 보상이 없이도 바로 건물 철거를 진행할 수 있도록 한 도정법 제49조 6항이 대표적 경우다.

법원에서도 애매했던지, 2009년 5월 서울서부지법 민사합의 12부는 도정법 제49조 6항에 대해 서울 용산역 전면 제2구역의 건물 세입자인 이모씨 등 22명이 낸 위헌법률심판제청 신청을 받아들여 헌법재판소에 위헌심판을 제청했다.

재판부는 결정문에서 이 조항이 임차인에게 적용되는 경우 실질적 · 형식적인 재산권 박탈의 효과가 발생함에도 불구하고 도시정비법상 아무런 보상 규정이 없다며 이는 공동의 필요에 의해 재산권 수용을 박탈하는 경우 그에 대한 보상을 법률로써 하도록 한 헌법 제23조 2항에 위배된다고 밝혔다.

재판부는 또 도정법이 거주자들의 주거환경 개선을 목적으로 하고 있지만 이 사건 조항으로 인해 보상도 없이 침해되는 일부 임차인들의 재산권, 주거권, 인간다운 생활을 할 권리 등의 기본권 제한이 과도하다며 이 조항이 헌법 제37조의 과잉금지 원칙에도 위배된다고 덧붙였다(헌법재판소법에는 심판 사건이 접수된 날로부터 180일 이내에 선고하게 돼 있다).

현금청산과 관련된 부분은 어디에 장단을 맞춰야 할지 헷갈린다. 현행 도정법 제47조*는 분양신청을 하지 않은 조합원에 대해 현금청산을 하는 조항이다. 그러나 현금청산자에 대해 명확한 법규가 없어 재개발, 재건축 현장에서 분쟁이 일어나고 있다.

인천지법은 200여 세대의 규모로 진행 중인 인천 용현동 재건축 사업에서 조합원 A씨가 조합을 상대로 한 청산금 소송에서 담당 판사는 "재건축 사업의 조합원은 특별한 사정이 없는 한 조합에게 조합규약 효력이 발생한 이후에는 신탁약정에 따라 소유권이전등기 절차를 이행할 의무가 있다"며 A씨의 청구를 기각하고 조합 측의 손을 들어주었다. 하지만 수원시 팔달구 화서동 주공2단지 재건축

조합을 상대로 조합원들이 제기한 청산금지급 소송에서는 법원이 조합원의 손을 들어주어 혼란을 주고 있다. 담당 수원지법 제9민사부는 "조합원이 조합에서 탈퇴하고자 하는 경우, 허용하는 것이 타당하고 조합은 분양신청 철회일로부터 150일 이내에 현금으로 청산할 의무가 있다"고 판단했다.

이처럼 분양 철회를 두고 법원의 해석이 엇갈리는 것은 도정법 시행령 48조에 당사자 사이에 협의해서 청산금액을 산정할 수 있다고 했을 뿐 별다른 기준을 두고 있지 않기 때문이다.

조합설립 동의서를 받을 때 비용분담에 관한 사항을 기재하지 않아 이로 인해 최근 조합설립인가 무효 판결이 잇따르고 있는 것도 도정법의 불명확성 때문으로 볼 수 있다.

도정법 시행령 제26조(조합설립인가 신청의 방법 등)에는 1. 법 제16조 제1항부터 제3항까지의 규정에 따른 토지 등 소유자의 동의는 국토해양부령으로 정하는 동의서에 동의를 받는 방법에 따른다(2008. 12. 17 개정). 2. 제1항에 따른 동의서는 다음 각 호의 사항이 포함되어야 한다(2008. 12. 17 신설)고 되어 있다.

조합설립인가를 위해 꼭 필요한 것이라면 좀 더 명확하게 '다음 각 호의 사항이 **반드시** 포함되어야 한다'라고 '강제의무조항'처럼 직시했더라면 좋았을 것이다. 조합 측의 고의 누락도 원인이 되겠지만 도정법상의 문구가 불명확한 것에서 초래된 탓도 크다. 실제로 문구의 불명확성을 악용한 일부 조합이나 도우미 업체(OS)에서는 토지 소유자들에게 내 집 땅

면적 대 새 아파트 분양면적을 1대 1로 보상해 주겠다며 그럴 듯하게 유혹, 조합 동의를 하도록 재촉하고 있어 문제가 되고 있다.

정비구역 지정이나 조합설립 당시 표본표출이나 표본설계를 통한 실제 감정 평가액이나 개발 이익을 배제한 실제 시세를 공개하도록 하면 될 것을 도정법이 애써 외면한 것은 분명 헌법상의 알권리 침해에 해당된다 할 것이다. 그래서 일부 주민들은 도정법을 두고 주민의 피를 빨아먹는 '도적법' 이라 했던가.

실제 부산 사하구 한 재개발사업구역에서 조합원들이 이 문제로 부산지법에 소송을 제기해 조합설립 무효 판결을 이끌어 냈다. 또 서울 중구 도시환경정비사업구역의 조합원도 이 문제로 서울중앙지방법원에 소송을 제기, 조합설립 무효 판결을 얻어 냈다. 그리고 이 같은 유사 소송은 전국적으로 잇따라 진행 중이다.

부산재개발재건축 시민대책위 김성태 정책위원장은 "현재의 재개발 재건축의 근간이 되는 도시 및 주거환경정비법상의 불합리한 정비구역 지정 부분에 대해 헌법 소원을 진지하게 검토하고 있다"고 말했다.

하려면 똑바로 하라

부산이 달라져야 한다.

"부산은 아직도 개발시대의 성장 이데올로기에 사로잡혀 있다. 변화의 본질을 읽지 못하고 부산의 본성과 동떨어진 껍데기 흉내 내기로 시간과 에너지를 낭비하고 있다." 경성대 도시공학과 김민수 교수는 한 포럼에서 부산의 도시 건축 정책에 대해 이같이 나무랬다.

또 부산의 한 건축가는 1. 대규모 개발 2. 단기간 개발 3. 민간사업자의 개발 4. 전면철거 개발 5. 아파트 중심의 개발 6. 관리가 고려되지 않은 분양식 개발 7. 질보다 양 중심 개발 8. 획일적 개발 등을 부산 도시개발의 문제점으로 꼽았다. 두 사람의 지적에서 부산 도시개발의 조급증, 획일성, 무계획성이 모두 읽힌다.

부산의 도시 풍경이 달라져야 한다. 그러기 위해서는 부산의 도시 건축 정책이 바뀌어야 한다. 이는 개발의 패러다임이 바뀌어야 한다는 것이다. 주택과 자연을 투기와 투자의 대상으로 보는 개발시대의 무한성장 이데올로기와 성과주의적인 집착을 버리고, 새로운 도시전략을 짜내야 할 때다.

쏟아놓은 도시정비구역을 멍하니 보고만 있을 순 없다. 왜 이렇게 했냐고 시(市)나 지자체를 나무라기에는 이제는 늦었다. 되돌릴 수 있다면 되돌리면 가장 좋겠지만, 거기에 한정 없이 목놓아 기다릴 순 없다. 그렇다면 목마른 사람이 나설 수밖에. 이렇게 마음먹고 한숨 돌리면 수백 곳 도시정비사업 예정지가 또 다른 기회로 다가온다.

재개발 재건축을 부산시 도시계획의 밑그림을 그릴 좋은 기회로 활용하자! 현재 부산에서 벌어지고 있는 재개발 재건축은 노후된 밀집주거지를 정비하려는 목적보다 개발이익이나 건설자본의 수익성에 부합하는 경제논리만 작용한다. 그러다 보니 도시공간의 각 구역은 도시란 큰 틀에서 유기적 관계를 가지지 못하고 도시적 맥락과 단절된 개별적인 섬처럼 개발됐다.

재개발의 문제는 끝도 없다고 흔히 말한다. 부산시는 비난을 덜 받기 위해서라도 더 많은 반성을 해야 한다. 미래는 지금이다. 지금 어떻게 하느냐에 따라 부산의 미래가 달라진다.

수변 공간을 가지고 있는 부산을 어떻게 꾸밀 것인가 생각해야 한다. 천혜의 자연 경관마저도 훼손시키는 개발은, 늦었지만 여기서 멈추어야 한다. 해안에서 도시를 바라보면 마치 거대한 성(城)이 도시를 가로막고 있는 듯하다. 남구 용호동 일대 오륙도 SK나, 사하구 다대동 롯데 캐슬 몰운대 아파트가 그것이다.

건축가들은 흉물스럽다고 표현한다. 도시를 망쳐 놓았다고 이야기한다. 마치 부산이라는 도시는 욕망의 바다에 떠다니는 섬 같다. 급격한 인구 감소와 고령화를 염려하면서 부산시가 계속해서 대규모 아파트 건설에 집착하는 것 자체가 모순이다. 획일적인 부동산개발에서 손쉽게 부산시의 성장 동력을 찾으려는 것은 아닌지 우려된다.

다양한 장소들의 시간의 켜와 서사가 존재할 때 도시문화는 독특한 매력을 발산하며 풍요로워지는 법이란 것을 알아야 한다.

전문가가 없다

기자 : 부산발전연구원에는 연구위원이 몇 분이나 되나요?

부산발전연구원 000박사(이하 부발연): 상임 연구위원이 대략 50여 명 되지요.

기자 : 그러면 이 중 재개발 등 도시정비 관련 연구원은 몇 분이나 되나요?

부발연 : 제가 알기로는 단 한 명도 없는 것으로 알고 있습

니다.

　기자 : 정말입니까? 부산에만 해도 487곳이 도시정비사업 예정지역으로 되어 있는데 한 명도 없단 말입니까?

　부발연 : 저도 잘 이해가 가지 않는데…, 유감스럽게도 그렇습니다. 도시계획과 관련해서는 이정헌 박사를 비롯해 몇 분 있는 것으로 알고 있습니다.

　2년 전쯤으로 기억한다. 당시 필자는 〈부산일보〉 경제부에서 건설, 부동산 담당 기자를 맡고 있을 때였다. 부발연의 한 연구위원과 저녁 식사를 하는 자리에서 나눴던 대화 가운데 일부다.

　당시 부산에는 수백 곳이 도시정비구역 및 예정구역으로 지정돼 있었지만 이에 대해 연구하는 전문가는 단 한 명도 없었다. 이러한 실정은 2년이 흐른 지금도 별반 달라지지 않았다.

　부산의 도시 형태와 구조를 바꿀 수 있는 도시정비사업에 전담 전문가가 한 사람도 없다는 것이 말이 되는가? 재개발 재건축 담당 공무원이라 해 보았자 기껏 한 분야 2~3년 경력이 고작이다. 순환보직으로 전문성을 갖기가 힘들다.

　굳이 도시재생이라는 표현을 빌리지 않아도 도시 재개발이나 재건축은 하나의 도시를 새롭게 탈바꿈시키는 것이다. 특히 부산의 경우 재개발이나 재건축은 50년 피란민 시절부터 80년대 말 산업화 물결로 형성되었던 도시의 구조를 변모시키는 일이기도 하다.

재개발이나 재건축으로 인해 충분히 도시의 모양이 달라질 수 있다. 재개발 재건축만으로도 '새 틀 짜기 부산'이 얼마든지 가능하다.

그만큼 중차대한 일임에도 불구하고 이러한 작업에 전문가가 없다는 것은 부산시의 도시 행정에 대한 단견과 단면을 보여 주는 좋은 사례이다. 부산시는 최근에야 전문가조직을 만들겠다고 부산을 떨고 있다.

재개발의 패러다임적 전환이라 할 수 있는 도시재생을 구현하기 위해서는 국가나 지방정부 등 공공부문이 획기적인 동력을 발휘해야 한다.

영국의 경우 1980년에 이미 이너시티(inner city) 문제해결을 위해 이너시티위원회를 설치하여 50명의 전담인원이 기성 시가지 정책을 관할했다.

지방정부 차원의 전담조직 설치도 시급하다. 마을 만들기 팀이 있는 광주 북구청과 도심진흥과가 있는 전주시청 같은 경우가 좋은 예가 될 수 있다.

부산시도 전담조직을 통해 지역 내 도시재생 활동을 적극화해 지역 역량을 축적하는 것이 선행되어야 한다. 이미 도시재생을 우리보다 먼저 시작한 선진국은 얼마나 재개발이 중요한지 재개발의 의미와 중요성을 벌써부터 인식하고 있었다.

일본은 국가구조개혁과 경제 활성화의 일환으로 도시재생을 추진하고 있으며 도시재생본부의 위원장은 총리가 맡아 도시재생을 신속하고 중점적으로 처리한다. 영국은 대처, 메

이저, 블레어 등 역대 정권에서 전통적으로 도시재생을 중요 정책 사안으로 국정의 중심에서 다뤄 왔다.

이들 국가가 중앙정부에 특별조직을 두고 도시재생을 추진하는 것은 도시재생이 국가 발전에 미치는 영향이 매우 크고, 시대적 과제이기 때문이다. 도시재생은 현대 도시 문제에 대한 해법일 뿐만 아니라 국가 발전의 핵심적인 문제이다.

여전히 부족하고 늦은 감은 있지만 재개발 재건축 관련 분쟁을 조정하는 조정위가 전국에서 처음으로 부산에 설치 운영된다는 소식은 반갑다. 일명 도시정비사업 분쟁조정위원회. 부산시는 2009년 7월 초부터 관련 조례안을 만들어 본격적인 시행에 들어갔다. 하지만 이 조례안이 얼마나 효과를 거둘지는 위원회 구성 여부에 달린 것이 아니라 운용 여부에 달렸음을 명심해야 한다. 얼마나 행정의, 업자의 눈치를 보지 않고 소신껏 할 수 있을지 지켜볼 일이다.

사(私)는 가깝고, 공(公)은 멀고

재개발이나 재건축, 뉴타운 등은 도시의 모양과 주거환경을 바꾸는 작업이다. 그리고 도시계획과 관련이 있으며 지구단위계획과 맞물려 있다. 그러나 이들 사업을 관리 감독해야 할 일선 지자체에서는 재개발 재건축은 민간사업이라는 이유로 지금까지는 사실상 손을 놓고 있었다.

도시계획이라는 측면에서 보더라도 최소한 사업을 관리 감독해야 할 일선 지자체는 방관만 하고 있었던 것이다. 하지만 결국 방관이 화를 자초했고 오늘날 재개발 재건축을 비리의 온상으로 만들어 놓았다.

많은 사람들의 뇌리에 각인된 '재개발 재건축 사업=비리의 온상'의 이미지를 불식시키기 위해서는 지금이라도 재개발 재건축 뉴타운에 대한 일선 지자체나 공공기관의 강력한 개입이 있어야 한다. 소위 컨트롤 타워로서의 기능 말이다. 그런 점에서 최근 서울시의 움직임은 고무적이다.

서울시는 2009년 6월 그동안 시공사가 맡아 온 서울시내 재개발 재건축 뉴타운 등 정비사업을 자치구 등 공공기관이 적극 관리하는 방안으로 전환했다. 그동안 민간에 넘겨져 각종 부정과 비리가 끊이지 않았던 정비사업에 공공이 적극 개입하겠다는 것이다.

서울시의 주거환경 정책을 전면 재검토하기 위해 공무원과 전문가들로 구성된 서울시 주거환경개선 정책자문위원회(이하 자문위)는 정비사업 시작과 함께 해당 구청장이 정비업체를 직접 선정하도록 하고 공공관리자를 둬 시공 설계 철거업체 선정 과정을 관리하도록 제안했다(서울시는 2008년 5월 주거환경 정책을 전면 재검토하기 위해 공무원과 전문가들로 자문위를 꾸렸다).

공공관리자는 정비계획 수립 단계부터 사업이 끝날 때까지 정비사업 전반을 관리하게 되며, 공공관리자의 비용도 시공사 선정 전까지는 공공이 부담하도록 했다.

이는 비리의 온상으로 지적되어 온 재개발 재건축 뉴타운 등 정비사업에 공공기관이 적극적으로 개입해 주민과 세입자를 보호하고 관련 업체들의 전횡을 막는다는 것. 정비사업 과정에서 사업비와 주민 분담금이 늘어나는 이유가 구조적인 비리사슬에 있다고 보고 공공의 역할을 강화해 투명성을 높인 것이다.

자문위는 먼저 구청장이 정비업체(시행사)를 선정하고 공공관리자를 지정하도록 제안했다. 그동안 조합이나 추진위는 정비업체와 시공사를 미리 정해 사업 추진자금을 조달하고 주민들의 의견을 충분히 듣지 않은 채 형식적인 절차만 거쳐 시공사와 설계업체를 선정했다.

이 과정에서 정비업체와 조합(추진위), 시공사 사이에 비리 사슬이 만연해 사업에 반대하거나 문제를 제기하는 주민들과 끊임없이 갈등을 빚었다.

이런 비리 사슬을 끊기 위해서는 사업 초기부터 강력한 공공 개입이 필수적이란 것을 일선 지자체는 이제야 인식한 것이다.

서울시의 재개발사업 개선방안

내용	기존(2009년 6월 이전)	변경(2009년 6월 이후)
사업 주체 및 관리	정비업체, 시공사 중심	구청 중심, 공공관리자가 사업 관리
사업 내용 공개	사업시행자 정보 공개 거부로 주민 불신	정비사업 자료 공개 의무화
주민 의견 수렴	총회 주민 직접 참석 비율 10% 의무화	직접 참석 비율 상향 조정
상가 세입자 보상	휴업보상금 3개월분 지급	휴업보상금 4개월분 지급
세입자 인권 대책	철거업자 철거 과정에서 인권 침해	시공업체, 철거공사 의무적으로 시행
기반시설 비용	설치비용 주민 부담	공공이 설치비용 함께 부담

주민이 주체다

찰스 랜들리를 비롯한 수많은 도시 전문가들은 한결같이 시민이 빠진 '도시 가꾸기'는 본질적으로 허상임을 끊임없이 지적하고 있다. 이는 재개발 재건축 등 도시정비사업에도 예외 없이 통용된다. 주민이나 시민을 무시한 사업은 또 다른 문제를 야기할 뿐이다. 재개발 재건축 사업에서 흔히 드러나는 문제점이 주민 간 갈등이다. 이는 조합이나 추진위 등에서 주민 의견 수렴을 소홀히 하는 부분에 기인한다.

조합은 의무적으로 자료를 공개하도록 해야 하며 총회 조합원 직접 참여 비율도 높여야 한다. 주민 신뢰를 잃은 사업은 무의미하다.

철거업체의 세입자 인권유린도 보완되어야 한다. 2009년 6월 서울시 자문위가 조합이 선정한 철거업자가 철거를 강행하는 과정에서 세입자의 인권 침해 발생 소지가 있을 수 있다고 보고, 시공업체가 의무적으로 철거작업을 맡도록 한 것은 그나마 다행스럽다. 하지만 시공사와 철거업체가 '짜고 치는 고스톱' 판인 재개발 사업에 있어 이런 조치가 얼마나 효과가 있을지 미지수다. 문제의 핵심은 시공업체가 주민을 어떤 대상으로 보느냐에 달려 있다. 세입자의 휴업 보상금도 늘려 그들의 생계 대책에도 관심을 가져야 한다.

그러나 보다 본질적인 고민의 바탕에는 주민이 있어야 한다. 그런 점에서 2006년 9월부터 대전시에서 전개하고 있는 '무지개 프로젝트'는 달동네 주민에게 '희망'이요 '무지개'다.

현지 가난한 주민을 밖으로 내몰고 새로 아파트를 지어봤자 상당수는 다른 곳에서 또 다른 빈민촌을 형성해 비슷한 생활을 반복하게 된다는 문제의식에서 출발했다.

기존의 개발 방식이 싹쓸이식 철거 후 새로 건물을 짓는 것이라면 '무지개 프로젝트'는 원래 있던 마을을 새롭게 단장하는 것이다. 달동네의 업그레이드다. 기존 주택이나 상가 등의 건물은 그대로 놔둔 채 내·외장을 새로 꾸미고 진입로, 언덕길, 공용화장실 등 정주 환경을 깨끗하게 해 그야말로 살맛

나는 환경으로 만드는 사업이다.

대전시는 지난 3년간 5개 지역 8개 동 등 140여 개 사업에 988억 원을 집중 투자했다. 주거환경에서 출발해 이제는 교육·복지·공동체 복원 등에까지 사업을 확대하고 있다. 국내 다른 시·도에서는 물론이고 스웨덴 스톡홀름, 포르투갈 리스본, 프랑스 파리 등 외국 도시도 배우겠다고 난리다.

그래서 원주민 재입주 비율을 법적으로 제한, 특정 비율을 넘겼을 때 재개발사업이 진행되도록 하는 부분은 고민되어져야 할 1순위다. 주민을 위한 재개발이 투기꾼을 위한 재개발로 변질되는 것은 최소한 막아야 한다.

PART 3

제3장_

도시,
변혁을 꿈꾸다

들어가며

독일 태생의 한국인 이참 한국관광공사 사장은 취임 일성으로 "한국 관광산업의 창의적인 발전을 위해서는 음양오행에 착안해 나무(木)의 에너지 떨림, 불(火)의 에너지 끌림, 흙(土)의 에너지 어울림, 쇠(金)의 에너지 울림, 물(水)의 에너지 몸부림의 다섯 가지가 필요하다"고 했다. 이는 비단 관광산업에만 국한되는 것은 아닐 것이다. 도시도 이와 크게 다르지 않을 것이다.

이제는 도시를 건설경기를 부추기는 대상으로만 바라보면 안 된다. 이제 두 팔을 벌리고 사고의 지평을 넓히고 거인처럼 내딛을 때가 됐다. 기존의 도시들이 경제성장에 치우쳤다면 미래의 도시는 정치, 사회, 문화적인 요소들을 함께 고려해 소통의 불능, 경계 짓기, 불평등 등을 해소해야 한다. 큰 문제는 큰 해법을 요구한다 했던가.

변혁을 꿈꾼다면 못 할 것도 없다. 가능하다. 열려 있다. 아니 우리 의지에 달렸다. 우리는 우리 의지에 따라 도시라는 감옥에 갇힐 수도 있고 자유로울 수도 있다. 단지, 그 선택은 오직 우리 자신에게 달려 있다.

도시는 지금 변혁을 꿈꾼다. 우리가 가슴으로 희구했던 도시로.

부산 명지주거단지 내 아파트 모습.

비움은 소통이다

자연과 인간에 대한 배려

어릴 때 시골 할머니 집에는 안마당과 바깥마당이 있었다. 안마당은 일반 가정집의 마당과 크기가 비슷했지만 바깥마당은 안마당의 2~3배 정도의 크기였다. 일철이면 그곳에서 벼나 콩 타작을 하거나 여러 가지 수확물을 말리곤 했지만 그렇지 않을 때는 어린 아이들의 놀이터였고, 어른들의 얘기 장소였다.

어린 우리는 그곳에서 구슬치기나 자치기를 하면서 놀았고 동네 아주머니, 아저씨들도 나무 그늘에서 도란도란 이야기 꽃을 피우기도 했다. 지금 돌이켜보면 그곳은 동네 회관이나 마을 정자나무 주변처럼 또 하나의 소통 공간이었다. 때로는 그곳에서 크고 작은 충돌이 일어나기도 했지만 대부분 웃음 꽃이 만발했던 곳이었다.

이처럼 우리의 전통 건축은 오래전부터 마당이라는 빈 공간을 중심으로 자연과의 소통, 인간과의 소통을 해 오고 있었다. 하지만 아파트 건설이 전국을 휩쓰는 동안 이웃과의 소통 역할을 담당하던 마당이나 골목은 우리 곁에서 자꾸만 멀어져 갔다.

비어 있음이나 침묵은 단순한 없음이나 공백이 아니다. '없음'은 '있음'의 창조적 모태로서 우리 삶을 움직이는 가장 강력한 동력이 될 수 있다. 비움은 무한한 상상력이며 가능성이자 공존이며 미소이다. 노자가 말했다. "만물은 유(有)에서 생성하며 유는 무(無)에서 나온다"고.

그렇다면 현재 우리의 도시 건축은 어떤가. 일부 도시 광장을 제외하곤 지금까지 열린 공간(오픈 스페이스)은 별장이나 고급 주택의 전유물이었다. 최근에야 관심을 보이고 있지만 지금까지는 관심 밖이었다.

아파트 단지의 조경 면적이라고 해 봐야 고작 20% 안팎. 조경에 조금 더 신경 썼다고 해도 30% 수준을 넘지 못했던 것이 현실이다.

실제로 지난 2007년 6월 분양한 포스코건설의 부산 서면 더샵 센트럴스타의 경우 아파트 단지 내 조경 면적이 단지 면적의 30% 이상을 넘었다고 해 언론의 주목을 받았을 정도이다.*

하지만 이는 외국에 비하면 약과이다. 방

위청 철거지를 재개발해 2007년 4월 문을 연 일본의 대형 복합시설 '도쿄 미드타운'은 10만㎡ 정도의 부지 가운데 40% 이상을 각종 잔디와 친환경적 조경시설 등 '녹지대'로 조성해 놓았다. 싱가포르 다운타운 마리나베이 프로젝트도 공공공간이 전체 대상지의 37%에 이를 정도다.

어쨌든 최근 들어 우리네 대도시 아파트 단지 중에는 녹지대나 다양한 커뮤니티 공간을 갖추는 등 어지간한 공원보다 더 잘 조성돼 있는 곳이 많아 반갑긴 하다. 하지만 이 같은 움직임은 초기 아파트에 비해서는 공간 활용의 측면에서 분명 진일보했으나 이웃 간의 소통을 원활하게 하느냐에 대해서는 의문이다. 왜냐하면 이들 공간 대부분이 소통의 역할을 담당하는 공간이 아니라 보여 주기 위한 공간에 머물고 있기 때문이다. 진정 소통을 위해서라면, 우리 전통 건축에서 흔히 볼 수 있는 바깥마당이나 뜰과 같은 과감한 공간 도입이 필요하다.

뜰을 잃어버린 도시, 독일의 대시인 라이너 마리아 릴케는 "나는 하나의 뜰이고 싶다/그 샘터가에서 가지가지 꿈이/갖가지 꽃을 피우는/그런 뜰이고 싶다"라고 했다.

한국에 있어서 아파트는 압축적인 근대화, 산업화의 상징이기도 하지만 한편으로는 산업화의 문제점을 가장 적나라하게 보여 주는 표본이라고 할 수 있다. 물리적인 측면만 강조한 나머지 자연스러운 커뮤니티의 활성화와 주민의 문화, 사회적 측면이 중요하게 다루어지지 못했기 때문이다. 이로 인해 우린 얼마나 많은 것을 잃었던가? 여기에 도심의 잘못된 개발의 첫 단추가 시작되지 않았던가.

과거 우리 전통 건축에서 보여 주는 바깥마당은 가진 자의 최소한의 윤리가 건축 속에 배여 있는 것이다. 자연과 인간에 대한 배려 말이다. 그래서 건축에도 윤리가 있다는 말은 이를 두고 하는 말이다. 한국의 전통적인 공간 인식과 건축관은 사람과 자연이 따로 분리되어 있는 것이 아니라 하나의 커다란 유기체라는 인식에 바탕을 두고 있다. 지금이야말로 '사람과 자연'이 어우러지는 멋진 건축을 되살릴 때이다.

바깥마당과 열린 공간(오픈 스페이스)*은 아파트 단지를 넘어 이제 도시 속으로 파고들어야 한다. 소통의 공간이 아파트 단지에서 도시 전체로 확대되면 그것은 '광장'이 된다. 도시공간의 빈터인 광장은 대중과 함께 호흡하는 공간이다. 도시의 여백이다.

비록 광장이 그리스 로마와 같은 지중해 지역에서 유래했고 우리에겐 친숙하지 않다고 할지라도, 그 가치의 훌륭함을 버릴 수는 없다. '도시의 오아시스'이기에. 비움의 필요성이 절실히 필요한 이때, 우리는 광장에 주목한다. 사람들끼리 대화하고 자유로운 행사를 진행하는 공간으로 광장을 갈구한다. 또한 시민이 주인 됨을 보장하

* 동의대 건축학과 우동주 교수는 「주상복합건물 공개공지(소유권은 건축주 개인에게 있지만 시민의 이용을 위해 공공적으로 제공된 땅) 활성화를 위한 인센티브제도 연구」(2008년) 논문에서 공개공지는 넓게는 오픈 스페이스를 지칭하며, 도시지역 내 혹은 도시 주변의 비건폐지로 모든 토지, 물, 햇빛까지도 포함된다고 설명했다. 그리고 공개공지의 특성으로 첫째, 보행을 위한 공간을 제공하므로 가로 활성화에 큰 역할을 하며 둘째, 커뮤니케이션의 기회를 갖게 해 주며 셋째, 전체적인 토지 이용의 효율성을 높여 준다고 주장했다. 이외에도 아름다운 가로경관 형성, 도시의 쾌적성을 제공한다고 밝혔다.

는, 민주를 지키는 더 없이 넓은 열린 마당이길 갈망한다.

도시설계의 거장 프랑코 만쿠조는 그의 최근 저서 『광장』(생각의나무, 2009년)에서 "만남, 의견교환, 산책, 휴식이 이루어지는 장소가 있다면 그곳이 바로 광장"이라면서 "광장 없는 도시는 죽은 도시"라고 말했다.

얼마가 아니라 무엇을

2006년 국제축제네트워킹세미나(SINSFO)에서 영국 게이츠헤드 시*의 문화를 통한 도시재생 프로젝트 총감독이었던 피터 스타크(Peter Stark)는 자신들의 프로젝트가 10년 이상 소요됐던 이유는 기존의 개발 패러다임과 정반대로 추진했기 때문이라고 말했다. 기존 개발 방식은 전개과정에 따라 하드웨어를 마련한 후 마지막 단계에서야 해당 공간의 문화적 콘텐츠를 고민하는 방식. 하지만 영국 게이츠헤드 시는 초기 단계에서부터 문화적 콘텐츠를 신중히 고려한 뒤 그 콘텐츠가 담겨야 할 건축물과 필요한 인프라를 차례대로 고민해 결정했기 때문에 프로젝트 기간이 10년 이상 소요됐다.

* 영국 북서부에 있는 작은 소도시. 영국 재개발사업의 원조로 꼽히는 곳이다. 과거에는 중화학공업과 탄광의 중심지였지만 탄광이 문을 닫은 뒤 60~70년대 실업자가 급증하고 도시민이 떠나자 70년대 후반, 시정부는 산업 대신 '문화'로 도시를 재건하겠다는 계획을 세웠다. 1998년 게이츠헤드 외곽에 '북녘의 천사(The Angel of the North)'라는 영국 최고의 야외 조형물을 건립하면서 관심을 끌었고, 지금은 이를 보기 위해 연간 수백만 명이 찾고 있다.

그렇다면 한국은 어떨까? "우리의 재개발은 한 번 구역이 정해지면 그곳에 몇 동, 몇 세대의 아파트를 세울까부터 고민한다. 정말 중요한 '인간다운 삶의 질'을 향상시키는 데 필요한 고민은 그 다음이다." 우리나라 한 건축가의 자조 섞인 푸념이다.

돌이켜보면 주거환경개선사업이나 주택재개발사업 모두 노후 불량주택 밀집지역을 대상으로 주택을 현대식 아파트로 개량, 건설하는 것이 주된 목적이었다. 그리고 그것이 재개발의 정형화된 방식이었다. 여기에 더해 주어진 대지 면적에 어떻게 하면 분양 면적을 최대화할 것인가에 집중됐다.

그러다 보니 신도시나 아파트 단지는 도로와 성냥갑 같은 건물만 빼곡히 들어섰다. 그곳엔 도시에 대한, 이웃에 대한 진지한 고민은 뒷전으로 밀려나 있었다. 서글프지만 이것이 우리의 현실이다.

도시 재개발이나 재건축 모두 궁극적으로는 사람을 풍요롭게 하는 데 있다. 이는 물질적, 정신적 풍요를 말한다. 하지만 주택 개량에만 중점을 둔 재개발 재건축은 물질적 풍요도 주지 못했고 정신적 풍요는 더더욱 아니었다. 재개발, 재건축은 주민에게 지나치게 획일성을 요구했고 집단성을 강조했다. 뿌리를 잃게 했으며 감성을 메마르게 했다. 부의 양극화를 가져왔으며 차별의 극대화를 요구했다.

국가 주도의 도시 재개발은 수많은 문제점을 낳았다. 이러한 상태는 1980년대 민간중심의 개별 단위 사업체제의 재개발 추진 방식이 도입된 이후에도 별반 달라진 것이 없었다. 기존 재개발에 대한 무수한 비판이 있었음에도 현실 세계는 좀처럼 바뀌지 않았기 때문이다.

천만 다행스러운 것은 도시의 흐름이 변화를 요구한다는 점이다. 건물과 건물, 집과 집 사이에 적정한 거리와 공간을 확보해 녹지화하는 공공정원의 개념이 싹트고 있는 것이다. 한마디로 주거 철학의 대전환이다. 『공간에게 말을 걸다』라는 책을 쓴 조재현 씨는 "공간에 대해 알아 가면 갈수록, 그 근본은 바로 사람임을 확신하게 됐다"고 말했다. 그렇다, 도시 재개발의 근본은 바로 사람이다. 그리고 그 도시공간은 소통을 지향한다.

이런 물결과 함께 새로운 도시 운동의 의미로 뉴어버니즘 (New Urbanism)이라는 말이 있다. 운동의 방향은 도시 내부로의 관심.

뉴어버니즘의 대표주자인 미국 필라델피아 바넷 교수는 "이웃 관계 회복을 통한 커뮤니티(지역 공동체) 활성화"를 말했다. 그는 주민들이 소통할 수 있는 공간 배치가 이루어지면 지역 사회는 더 이상 익명성의 지배를 받지 않는다고 보았다.

커뮤니티 활성화는 주민들의 몫이라고 볼 수 있지만 환경 조성은 또 다른 문제다. 가난한 사람과 부유층이 공존하고 너와 나만이 아닌 우리가 함께 살아가는 더불어 사는 삶—지속 가능한 공동체—은 주민의식의 성숙 문제이다. 이제라도 늦

뉴어버니즘 (New Urbanism)

도시 문제의 원인을 무질서한 시가지 확산과 교통량 증가, 경직된 토지 이용, 녹지 공간의 단절로 보는 시각. 과거의 도시개발이 확대 · 발전 지향이었다면 이제는 도시가 축소 · 고밀화로 나아가야 한다는 입장이다.

뉴어버니스트들은 이런 문제점과 함께 도시 팽창은 자연녹지 잠식과 무리한 공공투자를 유도하고, 결과적으로 토지 손실과 공동체의식 상실로 이어진다고 역설한다.

그 대안으로 이들은 대도시의 경우 주변 확장보다 내부 재개발에 주력할 것을 주문한다. 주거 상업 업무 기능 등을 한 곳에서 해결할 수 있는 근린주거라든지 다양한 계층이 소통할 수 있는 열린 공간 마련 등이 대안일 수 있다.

결국 뉴어버니즘은 기존 도시에 대한 반성을 통해 도시를 재구성, 인간과 환경 중심의 공간으로 되살리는 새로운 운동이라고 할 수 있다.

지 않았다. 입주민 몇 명에 몇 층짜리 아파트를 세울 것인가를 고민하기 앞서 이 개발지에 어떤 공간과 문화적 콘텐츠를 담을 것인지부터 진지하게 고민해야 한다.

사이사이마다, 공간 공간마다 휴먼 네이처를

최근 회자되고 있는 도시재생과 기존 도시 재개발의 근본적인 차이는 지역을 물리적 관점에서 보는가, 사람의 관점에서 보는가이다. 물리적 관점은 산업화, 근대화와 맥을 같이하며 여기에는 오로지 개발이 중심에 있다. 휴머니즘으로 대표되는 인간에 대한 배려나 복지에 대한 개념은 들어갈 틈이 없다. 그러나 도시재생을 이야기하자면 자연스럽게 휴머니즘을 이야기해야 하고 인간을 위한 복지적인 접근으로 이어진다.

건물 사이사이에도, 그리고 아파트 공간 공간마다 휴먼 네이처가 필요하다. 휴먼 네이처가 뭐냐고? 아파트 벤치＊ 하나에도 따뜻한 사랑과 배려가 깃들어야 한다는 것이다. 도시 재개발이나 재건축에 못 하란 법이 없다. 휴먼 네이처가 있으면 주민 간 이웃 간 '소통'은 자연스럽게 이루어진다.

건물 사이사이에, 공간 공간마다 휴먼 네이처가 필요하다는 것은 한 개의 의자를 놓아도 인간의 편의를 최대한으로 고려한 자연주의적 의자를 놓는다는 의미다.

철거중심의 재개발 방식에 대한 답습은 이제 사라져야 한다. 재개발의 핵심적인 대상은 주택 그 자체가 아니라 거주자의 삶과 문화, 그리고 그들이 유지하고 있는 커뮤니티를 한층 업그레이드하는 것이어야 한다.

최근 영국이나 미국, 그리고 대부분 국가들의 재개발 목표와 방식은 거주민과의 커뮤니티에 초점을 두고 접근하고 있다.

한때 대영제국의 한가운데 있었던 런던의 부활에 세계가 숨죽이며 지켜보고 있다.

런던의 새로운 변화는 바로 도시계획. 2002년, 런던은 야심찬 도시계획을 시작했다. 런던 도시계획의 핵심은 대략 7가지. 첫째는 고밀도 개발을 지향하는 콤팩트 시티(compact city), 시민을 위한 도시(city for people), 번영하는 도시(prosperous city), 차별 없는 도시(fair city), 접근하기 쉬운 도시(accessible city), 친환경적인 도시(green city), 변화를 수용하는 도시(design for change) 등이다. 이 7가지에 런던이 추구하는 도시의 모습과 철학이 고스란히 드러나 있다.

도시 런던의 성공 여부를 지금 섣불리 판단하기는 이르다.

하지만 런던 시당국은 런던이 지향해야 할 명확한 방향성을
이 7가지에 명확하게 드러내고 있다.

18세기 영국의 문학비평가 사무엘 존슨이 "런던에 싫증난
사람은 인생에도 싫증난 사람"이라고 했던 말이 결코 빈말이
아닐 터이다.

그렇다면 한국은 어떨까? 도시는 무엇을 지향하며 어떤 목
표를 가지고 있는지 궁금하다. 고작 '5년 후까지 아파트 수만
가구 공급, 주택보급률 000% 달성' 등이 주를 이룬다. 하지만
무엇을 지향하는지, 지향하는 바는 드러나지 않는다.

가장 한국적인 것이 가장 세계적

현재 각 지자체에서 도시재생이라는 이름으로 사업이 이루
어지고 있는 시가지 뉴타운이나 재개발사업은 초고층 일변도
의 개발에만 편중되어 있다. 하지만 이런 근대적 재개발에만
편중돼 추진되는 것은 도시에서 활동하는 주체적 인간계층의
다양성을 확보하는 관점에서 문제가 있다.

일찍이 독일의 대철학자 괴테는 "가장 지역적인 것이 가장
세계적"이라고 말한 바 있다. 세계화시대에 지방도시의 생존
조건도 이제 여기에서 찾아야 한다. 지금까지 우리 도시정책
의 역사는 이와 정반대의 길을 걸어왔다. 중앙 도시정책과 맞
물러 진행돼 왔던 것이다. 지방도시의 고유한 특성과 장점을

특화해야 한다.

그런 의미에서 부산과 일본 후쿠오카와의 국경을 넘은 '초광역 경제협력체 형성'은 지방도시의 특화뿐만 아니라 글로벌 네트워크라는 차원에서 좋은 선례라 할 것이다. 도시가 국가의 경쟁력이고 세계의 경쟁력이 되는 시대에서 이웃 나라 도시 간 글로벌 네트워크는 지방도시의 지역적 한계를 뛰어넘는 새로운 접근 방식이다.

또 지역적 특성을 활용한 도시 마케팅* 기법도 도입되어야 한다. 이제 중앙과 연결된 획일화된 개발과는 결별이 필요하다. 그래서 도시재생은 지방도시의 또 다른 홀로서기다.

도시 재개발과 재건축은 일정부분 그 도시의 양상이나 특색에 따라 달라질 수 있음에도 지금까지는 중앙 일변도의 개발 방식을 답습해 왔다.

예를 들어 생각해 보자. 부산 수영구 남천동 삼익비치아파트 재건축을 중앙 일변도의 개발 방식으로 답습해야 할까?

부산시가 검토하는 방향 가운데 하나는 고도제한을 완화, 아파트를 고층화해 31개동이나 9개동으로 배치한다는 계획이다. 이를 통해 해안지역의 단조로운 스카이라인에 역동성을 가미한

* 도시 마케팅은 1970년대 뉴욕이 실시한 'I ♡ NY(I Love New York)' 캠페인이 대표적인 성공사례로 꼽힌다. 끝이 보이지 않는 경제 위기에 범죄율 급증까지 이중, 삼중고를 겪고 있던 뉴욕은 도시 이미지를 쇄신하고 적극적으로 관광객을 유치하기 위해 'I ♡ NY' 캠페인을 통한 도시 마케팅을 실시했다. 뉴욕은 이를 통해 이미지를 쇄신했고 지금까지도 지속적으로 운동을 펼치고 있다. 이제 관광객의 머릿속에는 뉴욕 하면 'I ♡ NY'의 로고가 떠오를 정도로 도시 마케팅은 성공한 셈이다. 뉴욕은 이제 도시 마케팅의 교과서가 됐다. 우리나라의 경우 성공적 도시 마케팅은 '만화도시 부천'으로 각인된 경기도 부천시의 도시 마케팅을 꼽을 수 있을 것이다.

다는 구상이다. 특히 9개동으로 했을 경우 용적률이 올라가면 건물 간 간격이 크게 늘어나 시야를 확보할 수 있다는 것이다. 하지만 이는 다른 도시나 지역의 재개발사업과 별반 다를 게 없다. 그리고 시야도 삼익비치 주민들에게는 최대한 혜택이 돌아갈 수 있겠지만 인근 주민들의 조망권은 고려되지 않은 문제점을 내포하고 있다.

그렇다면 부산다운 도시의 재개발은 없을까?

필자를 보고 한번 제안해 보라고 하면 기존 30여 개의 아파트 동수를 5~6개동으로 해 초고층화하되 나머지는 공공용지로 만드는 것을 제안하고 싶다. 부산의 특색인 바다 조망을 최대한 살리면서 바둑판식 개발을 피할 수 있는 장점이 될 수 있을 것이다. 물론 고밀화된 아파트의 뒤편은 가급적이면 사업이 본격화되기 전에 미리 상업시설이나 공공시설을 위한 곳으로 몰아주는 것이 좋다. 덧붙인다면 고밀화된 아파트도 말레이시아 건축가 켄 양의 '녹색 마천루' 형태로 건립하면 더 좋겠다.

세계 도시는 우리의 도시와 다를 수 있다. 세계 여러 도시들이 너도나도 도시재생, 창조도시를 부르짖는다고 해서 무조건 그 도시를 따라하는 것은 체형이 다른 한국 사람에게 서양 옷을 입히는 것과 다를 바 없다. 한국의 도시는 한국도시다울 때 가장 멋질 수 있다. 서울은 600년의 흔적을, 부산은 해양문화의 이미지를 맘껏 드러낼 때 가치가 있다.

그래서 도시재생은 각 도시의 역사적, 경제적, 사회적 여건

에 따라 다양하면서도 차별적으로 접근할 필요가 있다. 다만
주제가 다르다고 하더라도 도시공간의 정비, 녹색환경에의
대응, 주민의 참여 등 기본적인 방향까지 다를 순 없다.

왼손에 휴머니즘을 담고, 오른손에 **자연**을 담아

고민하고 고민하고 고민하라

아파트는 주거문화 산업화의 상징이지만 초창기 아파트는 긍정적인 역할도 했다. 다름 아닌 평등. 적어도 아파트 단지 내에서만큼은 빈부의 극심한 차이를 크게 느끼지 못했던 적이 있었다. 하지만 세월이 흐를수록 아파트는 위치에 따라, 평수에 따라 빈부의 격차를 상징하는 또 다른 바로미터*로 변질돼 버렸다.

그러다 보니 아이들도 만나는 친구가 정해지고 학군이 정해진다. 자연 서로 다른 계층 간의 이해가 단절된다. 하지만 되돌려야 한다. 아파트 단위 속에서만이라도 아파트 공간이 '삶의 자리'가 되기 위해서는 무엇보다 척박한 공간문화를 자연이 살아 숨 쉬고 문화가 미소 짓는 곳으로 개혁해야 한다.

자연에서 모티브를 얻은 가우디의 여러 건축물들.

상지대 홍성태 교수는 『우리 사회의 경계, 어떻게 긋고 지울 것인가』(경희대학교 인류사회재건연구원, 2008년)라는 책에서 "지역이 '삶의 자리'가 되기 위해서는 돈이나 개발논리에 의해 좌우되는 파괴적인 개발을 넘어서 삶의 질을 추구하는 생태문화적 개발로 나아가야 한다"(한국의 도시화는 커다란 반생태성과 반문화성의 문제를 안고 있다)고 역설했다.

그러면서 홍 교수는 이를 위해서는 먼저 두 가지 접근이 필요하다고 주장했다. 첫째는 구조적인 접근으로 개발주의를 확산하는 투기사회의 문제를 반성하고 개혁하는 것이며, 둘째는 생태문화적인 접근으로 생태적인 가치와 문화적인 가치를 존중하는 개발이 이루어질 수 있도록 하는 것이다라고.

구조적인 접근은 난개발과 투기사회를 억제하기 위한 근원적 접근이다. 그것은 토지공개념, 아파트 분양가 공개, 아파트 후분양제, 개발이익환수제, 부동산 담보대출 규제 등과 같은 제도적 개혁을 통해 난개발과 투기사회 가능성을 원천적으로 봉쇄하

* 영어회화를 가르치는 한 외국인이 한국에 처음 와서 학생들에게 어디에 사느냐고 물었다가 팰리스(palace), 캐슬(castle), 로열 카운티(royal county) 등의 말에 깜짝 놀랐다는 언론의 보도가 있었다. 흔히 비싼 아파트일수록 외국어 명칭을 사용하는 경우가 많다고 하는데 2008년 상반기 동안 매매된 아파트 가격이 높은 순으로 100개를 꼽으면 74개가 외국어 이름이었다고 한다. 또 같은 건설회사도 고급 아파트에는 외국어 이름을 붙이는데 대림은 'e-편한세상'과 '아크로비스타', 금호는 '어울림'과 '리첸시아', 롯데는 '낙천대(樂天臺)'와 '캐슬'을 각각 일반과 고급 아파트에 다르게 붙이고 있다고 소개했다. 그리고 이 같은 현상에 대해 동덕여대 채완(국문학) 교수는 "아파트 이름의 외국어 이름 선호는 '소비자에게 아부하기'라는 고전적인 광고 전략의 하나"라며 "'공부를 많이 하셨으니 그 정도 외국어는 아시겠지요'라는 의미로 현학적인 이름을 짓는 것"이라고 「아파트 이름의 사회적 의미」라는 논문에서 밝혔다.

는 것이다.

그런 의미에서 노무현 정권하에서 만들어진 재개발 재건축 시 일정부분 임대아파트를 짓게 한 것은 복지에 대한 관심이라는 측면에서 평가받을 수 있겠다. 방향은 분명 옳았다. 하지만 접근 방식이 지극히 이분법적이기 때문에 소통을 위한 근본적인 해결책은 아니다. 방법론에 있어 고민이 더 필요하다. 마치 지하철 '노인석'처럼 분명 배려가 깔려 있긴 하지만 또 다른 경계를 지음으로 인해 젊은이들과 어울리지 못해 또 다른 소외 공간으로 전락한 '노인석'처럼 되지 않게 하기 위해. 지하철의 노인석을 보면서 문득 생각한다. 소외는 사방에서 우리를 잠식하고 있다는 것을.

생태문화적인 접근은 생태적인 가치와 문화적인 가치를 적극적으로 구현하고자 하는 것을 의미한다. 건축물이나 골목길, 산복도로 등의 장소는 대단히 소중한 문화자원이다. 파리나 런던, 프라하 등의 유럽 도시들이 웅변하듯이 잘 보존된 공간은 가장 거대하고 중요한 문화자원이다. 그러기 위해서는 보존도 점-선-면으로 확대되어 나아가야 한다. 건축물이라는 점의 보존에서 골목길 등의 선의 보존으로, 다시 우리의 전통 마을처럼 장소나 지역이라는 면의 보존으로 확대되어야 한다.

합리성, 경제성, 편리성의 잣대로 옛것을 무조건 철거·해체시키고 성장·변화만을 최고의 가치로 여기는 것에서 한 발짝 물러나 이제 잠시 숨을 가다듬고 자연적 예술적 문화적 가치를 바라볼 줄 알아야 한다.

휴머니즘*의 출발점은 기계물질 문명과 산업 자본주의에 의해 파괴된 인간성을 찾는 것이다. 더 많은 돈이 아니라 더 나은 삶을 위해 세월의 흔적, 소중한 일상, 타인에 대한 배려, 보존과 느림, 자연에 대한 존중, 그리고 문화에 대한 보존이 무엇보다 중요하다는 절박한 인식이다. 이런 가치들은 늘 우리 곁에 있었고 향후에도 있을 것이다. 재개발 재건축 현장에서 우선되어야 할 것이 바로 소중한 일상이요, 타인에 대한 배려이며 더하여 문화에 대한 학습이다.

* 이화여대 건축학과 임석재 교수는 그의 책 『현대건축과 뉴 휴머니즘』(이화여자대학교 출판부, 2003년)에서 현대건축에 새로운 가치를 불어넣는 것을 뉴 휴머니즘이라 칭했다.

아이러니하게도 내가 살던 집을 허물게 됐다고, 내가 살고 있던 집이 안전하지 않았다고 기뻐하는 것이 한국이다. 흔히 재개발, 재건축 조합에서 내건 플래카드엔 '축, 재건축, 00동 재개발 구역 안전진단 통과 경축' 등 웃지 못할 문구들이 적혀 있다. 우리는 자신이 사는 곳이 안전하지 않은 것을 경축하고, 때려 부수는 것을 경축하는 나라에 살고 있는 것이다. 지금 우리가 처해 있는 이 공간과 도시가 과연 인간을 위한 사회인지 되묻지 않을 수 없다.

나눔 나눔 나눔

근대화, 산업화의 물결 속에 도심이 팽창하면서 도시의 재개발 지역 바로 그곳에 가진 자와 권력 공간이 탄생했다.

지역 주민은 깡그리 없어지고 일부만이 그곳을 지킬 뿐이었다. 일부는 그곳이 개발되면서 금융, 방송, 정치의 중심지로 변모되기도 했다. 건축에서는 대형 건물이 너도나도 랜드마크를 앞세우며 우뚝 솟았다. 때로는 건축가가 작가로서의 예술적 독립성을 팔아 국가 권력을 위해 봉사하는 직업이 되어버렸다.

설계시장에서는 작품성 강한 중소규모의 건물은 급격히 줄어든 대신 신도시, 대규모 단지, 재개발 아파트 단지 등 고층 건물만으로 구성되는 대형 개발 사업이 설계시장을 독식했다. 돈 말고 다른 가치는 처음부터 고려대상에서 제외됐다.

조병준의 『나눔 나눔 나눔』(그린비, 2002년)이라는 책에는 재개발의 병폐가 고스란히 드러나 있다. 그래서 인용한다.

"현재는 과거를 담고 과거는 미래는 현재를 담는다. 진부하지만 진실이다. 우리는 너무나 많은 과거를 기억조차 할 수 없는 먼 곳으로 추방해 버렸다. 그래서 우리의 현재에는 과거가 담겨 있지 않다. 과거가 없는 현재? 그것을 유령이라고 부르지 않으려면 무엇이라고 불러야 할까? 유령이 된 현재는 아주 가볍게 허공을 떠다닌다."

재개발사업은 구역 현지주민이 개발 후 재정착하는 비율이 매우 낮아 영세민의 주거안정이라는 당위성에서 벗어난 지 이미 오래다. 원주민의 재정착률이 낮은 이유는 경제적 부담 때문. 개발 이후 새 아파트의 경우 기존 살고 있던 집보다 평형이 늘어난 만큼, 추가 비용을 부담해야 하기 때문이다.

이는 원주민들의 부담 능력은 고려하지 않은 채 민간사업자가 이익을 얻기 위해 분양이 잘되는 큰 평형으로만 개발하는 데 그 원인이 있다.

개발 후 원주민이 생활환경이나 생활기반의 변화에 적응하지 못해 도시의 지하셋방, 달동네, 판자촌, 도시 외곽의 비닐하우스 등으로 이주하는 경우도 발생한다. 특히 민간개발업자에 의해 주도되는 재개발사업은 전적으로 개발사업의 경제성에 의해 결정되다 보니 공익성이 크게 떨어진다.

이는 '도시의 건전한 발전과 공공복리 증진에 기여한다' 는 도시재개발법의 목적에 상충되는 것이기도 하다.

최근 들어 건축과 디자인을 중심으로 이뤄지는 다원주의 변화는 고무적이긴 하지만 여전히 바둑판식으로 자른 블록 중심으로 성냥갑 같은 고층 건물만 늘어놓는 형식이다. 단순히 건물 모습에서만 유리와 금속이 많아지고 주차공간이 지하로 들어가는 것으로 어떻게 변화를 입에 올릴 수 있겠는가.

흔히 바람직한 미래 지향의 주거 형태로 건축가들은 고층 건물이 단일 블록 속에서 개별적 단지로 존재하는 것이 아니라 자연 속으로 들어가 자연과 고층 건물이 공존하는 주택단지를 그리곤 한다. 이와 비슷한 개념의 하나가 바로 덴마크 코펜하겐의 신도시개발지구 '마운틴 드웰링' 이다.

2008년 2월에 건설된 '마운틴 드웰링' 은 이름 그대로 산처럼 생긴 공동주택이다. 11층 높이의 인공 콘크리트 산을 만든 뒤 그 경사 위에 주거공간을 펼치듯이 쌓았다. 특징은 모든 거주자가 자기 집 발코니에서 자신만의 전망을 가질 수 있게 한 것. 입주자들은 주변 녹지 환경을 바라보는 개별적인 시선과 함께 밋밋한 디자인을 탈피한 나만의 집을 얻었다.

오스트리아의 수도 빈에 있는 '가소메터 시티'도 새롭다. 원래 가스저장 창고였던 이곳은 여러 건축가들의 공동작업으로 멋진 주거공간과 문화복합단지로 변모했다.

커다란 원통형 건물 안이 온갖 현대적 시설로 가득한데 대형 영화관, 식당, 심지어 카지노도 있다. 아직 이 마을 주변은 개발이 안 됐기 때문에 이곳 주민들은 의식주와 문화생활을 거의 다 이 안에서 해결하고 있을 정도라고 한다. 기존의 둥그런 가스공장 골격을 유지하면서 내부를 완전히 개조해 주택과 상가시설이 한데 어우러지도록 만든 것이 가장 큰 특징이다.

자연에서 모티브를 얻은 가우디의 여러 건축물들.

구엘을 갈망한다

도시 변혁, 시민 모두의 몫이다

도시를 어떻게 만들어 갈 것인가 하는 것은 어느 한 개인의 몫이 아니다. 그것은 도시 계획가를 비롯한 건축가, 행정가, 건설기업가, 공학자, 그리고 시민들 모두의 몫이다.

하지만 난 한국 사회에서 지금 가장 먼저 변해야 할 대상 중 하나를 꼽으라면 건축주라고 말하고 싶다.

안토니오 가우디가 세계적인 건축가가 된 것은 그의 천부적인 재능도 있겠지만 그의 건축을 이해한 에우세비오 구엘이라는 든든한 후원자이자 건축주가 있었기 때문이다. 아마 구엘 없는 가우디는 상상할 수 없으리라.

가우디가 그의 천재적인 재능을 발휘하는 데 있어 구엘의 존재감은 상상 이상이었다. 단순히 건축주와 설계자의 관계에서 바라보자면 가우디와 구엘의 관계는 서로의 이익만 챙기면 되는 사이였다. 하지만 구엘은 당장 눈에 보이는 이익을 버리고 가우디의 뜻을 존중했다. 용적률 조금 높이는 것, 낮은 재료비로 최대의 수익을 올리는 것에 혈안이 되지 않았다. 구엘은 가우디의 예술세계에 전폭적인 신뢰와 후원을 아끼지 않았다.

특히 구엘 궁전(구엘을 위해 만든 구엘 별장은 구엘 사후 분할된다. 정원의 일부는 저택과 함께 스페인 왕가에 헌상되었는데 이것이 구엘 궁전이다)은 당시 잡지에서 평하기를 "건물이 감옥과 같다"고 했을 정도로 악평을 받았다. 이처럼 가우디의 작품에 대한 일반인들의 몰이해와 비아냥거림에도 불구하고 구엘은 가우디를 끝까지 지지했고 후원했다. 엄청난 공사비용도 아무런 이의 없이 모두 지출했다고 한다.

하나의 건물이나 건축물을 지을 때 건축주와 설계자, 그리고 시공자의 마음이 유기적으로 움직여야 가장 이상적인 좋은 건축이 된다. 설계자는 건축주의 생각과 뜻을 잘 반영해야 하고, 또 건축주는 설계자의 뜻이 펼쳐지도록 적극적으로 지지를 보내 주어야 한다. 그리고 시공자는 이들의 생각과 표현을 현실로 잘 옮겨 주어야 한다. 바로 이런 관계를 잘 실천한 사람이 가우디와 구엘이었다.

하지만 한국의 현실은 대부분 건축주의 의도에 설계자의 표현이 상당부분 제약을 받고 있다.

서울과 부산에서 삼현 도시건축사 사무소를 운영하는 김용남 건축사는 "건축주 대부분이 건축의 내용이나 공공적인 가치보다는 이윤 극대화에만 관심을 갖는다"면서 "설계자는 궁극적으로 돈을 주는 건축주나 건설사에게 예속될 수밖에 없다"고 하소연했다.

이런 건축계의 구조를 놓고 건축가 승효상 씨는 언론과의 한 인터뷰에서 "법령을 손질하는 것도 필요하지만 건축가들의 의식, 직업윤리가 더 중요하다"고 역설했다. 그는 젊은 건축가들이 굶을지언정 자본의 시녀나 건축주의 하수인으로 전락하지 않겠다는 신념을 갖고 자기 건축에 매진할 것을 당부했다.

일반 건축주에 의해서는 물론이고 세계적인 건축가를 대상으로 국제공모를 했던 것도 뒤집어지거나 변경되기 일쑤다.

실제 을숙도에 있는 〈낙동강 에코센터〉도 당초 설계 공모 당선작품과 달리, 일부 변경된 경우다. 일본인 야스히로 야마시타 등 5명이 공동작업 한 이 작품은 당초 설계상 작품의 표면은 '압축된 목재(Pressed Wood)'였다. 세계적인 철새 도래지인 을숙도의 경관과 어울리며 숲 속의 나무처럼 자연친화적인 목조건물이라는 평가와 함께 290여 점의 공모작 중에서 선정됐다. 그러나 이 작품은 건물 전체가 당초 압축 목재에서 철골로 설계 변경됐다. '화재 위험성이 있다' 는 것이 그 이유였다.

최근 들어 건축물의 국내외 설계 공모가 늘고 있지만 설계를 바라보는 현실은 아직도 후진성을 벗어나지 못하고 있다. 국제공모작임에도 설계 변경이 이루어지는 현실 속에서 여전히 일반 설계자는 건축주의 상업성 혹은 행정 편의주의에 휘둘리기 일쑤다.

설계자를 비롯한 건축 전문가들 스스로의 자성도 필요하다. 건축 전문가들은 건축이 단순히 물질적인 가치추구의 희생양이 되고 법적인 조건을 충족시키는 단순작업을 할 것이 아니라 자신의 전문적 지식을 활용해 건축이 가지는 다양성을 추구해야 한다.

도시의 재개발이나 재건축은 규모가 크다. 사업주인 조합원도 수백, 수천 명에 달하고 건축가도 여러 명이 달라붙어야 한다. 때로는 시공사도 여러 업체가 함께 컨소시엄 형태로 참가한다. 넓은 공간에서는 건축가도 더 큰 창조력이 요구된다. 무엇보다 장소의 전체적인 비전을 이해해야 한다. 장소를 이해하는 일에는 지리학자나 계획가 등 여러 분야의 복합적인 지식이 필요하다. 건축주와 설계자, 시공사와의 커뮤니케이션은 물론이고 이제는 나아가 4차원, 5차원적인 이해를 위해서는 각계 전문가와의 커뮤니케이션이 절대적으로 필요하다. 다시 말해 좁게는 건축주와 설계자, 시공자들이 만나야 하고 넓게는 건축가들을 비롯한 도시 전문가와 시민들 간 소통이 선행되어야 한다. 머리로만 하는 소통이 아닌, 진정 가슴으로 하는 소통 말이다.

세계적인 철새도래지인 부산 을숙도에 있는 낙동강 에코센터. 당초 설계상에는 건물 표면을 압축된 목재를 사용하기로 되어 있었지만 화재 위험성 때문에 철골로 변경됐다.

어떤 그림을 그릴 것인가

과거-현재-미래의 접목

헝가리의 수도 부다페스트에 취재를 간 적이 있다. 90년대 말이었으니 10년 전쯤의 일이다. 부다페스트를 떠올릴 때마다 생각나는 건 멋있었던 도시 야경이다. 오래된 도시 성곽과 도시의 다리를 은은하게 비추는 조명, 그리고 달빛 그림자를 품은 다뉴브 강의 풍경은 한 폭의 파스텔이나 수채화 같았다. 그때 이미 조명을 통한 훌륭한 도시 디자인을 보여 주었던 부다페스트는 특히 낮보다 밤이 아름다운 곳으로 기억된다.

아무튼 도시의 독특한 분위기에 취해서였을까. 부다페스트에 머무는 동안 헝가리가 사회주의 국가라는 인식은 이런 도시의 이미지에 밀려 저만치 뒷전으로 벗어나 있을 정도였다. 지금은 어떻게 변했을까? 난 가끔 그때를 떠올리며 부다페스트의 추억을 더듬는다.

이처럼 개인에게 있어 도시가 주는 인상은 오랜 세월이 흘러도 쉽게 지워지지 않는 것 같다. 내 경우를 보더라도 가우디 건축이 도시를 그림처럼 수놓은 스페인 바르셀로나가 그렇고, 이탈리아의 밀라노가 그렇고, 헝가리 부다페스트가 그렇다. 아름다운 장소는 때로는 세월이 지날수록 더 또렷해지고 가보고 싶어지는 곳인지 모른다.

그렇다면 한국의 도시는 세계인의 가슴에, 아니 우리들의 가슴에 어떻게 기억될까? 산업화의 물결 속에 숨 가쁘게 달려왔던 수많은 도시들. 그 산업화의 바쁜 발걸음 속에 한국의 도시도 결코 자유롭지 못하리라. 아니 가장 한가운데서 처절(?)할 정도로 빠르게 달려왔는지 모른다. 찢기고 깨졌으니.

그러나 앞으로는 지금과 같은 호흡으로 달려갈 수 없다. 바라보는 관점도, 시각도 모두 변해야 한다.

그렇다면 어떤 도시를 만들어야 할까? 혹자는 경쟁력을 갖춘 도시가 되어야 한다고 하고 혹자는 친환경적인 도시가 되어야 한다고도 말한다. 그러나 대부분의 대답은 구체적이기보다는 추상적이다. 그리고 그 가운데 상당수는 울림이 있는 도시, 흡인력이 있는 도시를 만들어야 한다고 말한다.

2000년에 출간된 『창조도시』라는 책을 쓴 찰스 랜드리도 "도시는 모름지기 울림과 흡인력이 있어야 한다"고 말했다. 여기서 랜드리가 말하는 울림과 흡인력은 도시의 매력과 호감이다.

그렇다면 울림과 흡인력을 주는 요소들은 어떤 게 있을까? 도시의 주택을 비롯한 다양한 건축, 색, 사람들, 디자인, 자연환경 등을 들 수 있다.

최근에는 도시의 네트워크 수준도 될 수 있을 것이다. 하지만 가장 큰 비중을 차지하는 것은 도시의 외형을 책임지는 건축이다.

건축이 가지는 시각적인 부문은 도시의 이미지를 좌우하기엔 부족함이 없다. 하지만 유감스럽게도 한국의 도시 건축은 주거공간이 대부분을 차지한다. 따라서 유독 아파트가 많은 우리나라로서는 치명적인 결함이다.

왜냐하면 일직선, 사각형, 성냥갑, 바둑판 등 아파트가 주는 단조로운 이미지들 때문이다. 이런 획일화된 건물들로 켜켜이 쌓여 있는 도시는 자칫 우리네 삶마저도 단조롭게 만들고 획일화시킨다. 천편일률적 디자인이나 설계야말로 무미건조한 도시의 이미지를 만드는 주범이다. 홍콩이나 싱가포르에는 조금이라도 비슷한 건물을 찾기가 힘들다. 하지만 유독 우리나라에서는 비슷비슷한 건물이 넘쳐 난다.

우리의 삶은 가면 갈수록 많은 변화와 다양한 삶을 원할 것이다. 그런 다양한 삶은 지금의 성냥갑과 같은 수직적 판상형 아파트에 만족하지 않을 것이다. 좀 더 복잡하고 다양한 요구를 담아내기 위해서는 보다 입체적이고 춤추는 듯 뒤틀린 아파트 구조도 충분히 가능하리라.

기존의 아파트가 정연하게 줄을 맞추듯 일직선상으로 쌓아

올린 것이라면 춤추는 듯 뒤틀린 아파트는 가구마다 각자의 자연적인 테라스를 만들어 주며 사선으로 혹은 지그재그로 쌓아 올린 아파트가 된다.

여기에는 공공건물도 예외일 수 없다. 최근 들어서는 지자체나 관공서 등의 공공건물을 보면 지역 주민과 소통을 하겠다는 의지가 크게 느껴지지 않는다. 한결같이 딱딱한 대리석 외벽 건물에 직선형 설계는 권위의 집합체임을 여실히 보여 준다. 대리석 외벽에 각진 건물들. 건물에 잔뜩 힘이 들어가 있는데 어떻게 주민과 소통하겠다는 것인지 쉬 납득이 가지 않는다.

공공건물은 시민들의 편의와 복리증진을 위해 시민들이 직접 이용하는 시설이다. 따라서 그 설계부터 주민과 쉽게 소통할 수 있는 공간이 될 수 있도록 해야 한다. 공무원들의 근무여건 향상과 편의시설은 대폭 증대되고 있지만 정작 시민과의 소통이나 이용에 대한 관심은 제자리걸음을 벗어나지 못하고 있다. 어떤 지자체 건물의 민원 창구는 심지어 지하에 있거나 건물 상층부에 있는 경우도 있다. 그래 놓고 민원의 소리를 듣겠다니….

지자체 건물의 변화는 곧 시대의 변화이리라. 직선형 사각 건물로 채워지는 공공건물들을 보면 아직도 이 시대가 권위주의 시대임을 실감한다.

아파트나 주택 등 주거 건축은 지금까지는 내부 변화에 초점을 맞춰 왔다. 그러다 보니 잃어버린 것이 너무 많다. 그 중 하나가 바로 사람이 함께 숨 쉴 공간. 바람도 불고 바깥 소리도 들리는 곳, 나무도 자라고 아이들이 뛰놀 수 있는 마당 말이다. 주택이 아파트가 되는 과정에서 건물은 쌓였지만 마당은 사라졌다.

아파트에서도 마당은 가능하다. 현관 위치를 고정하지 않고 층의 개념을 획일화하지 않는다면 얼마든지 마당이 아파트 속으로 들어올 수 있다. 좀 더 확대한다면 아파트 동마다 마을 마당을 조성할 수도 있다.

외부공간은 규제에 의한 공개공지가 아니라 필요에 의한 다양한 모습의 공간으로 연출되어져야 하며 이웃과의 친밀함을 유도할 수 있는 공간이어야 한다. 마을 마당엔 도서관이, 마을 뒤뜰엔 남새밭이 펼쳐지지 못하란 법이 없다.

미래의 아파트는 우리를 느낄 수 있는 공간, 이웃과 함께하는 곳이어야 한다.

친밀함의 척도는 서로를 얼마나 보여 주는가에 있다. 그것은 개방성이다. 아파트의 경우 좀 더 개방적인 공간 개념으로 계획될 때 진정한 의미의 커뮤니티에 기여하게 된다.

도시주거환경의 개발에 있어서 지역 커뮤니티에 대한 공공성은 주변과의 경계 허물기로부터 시작된다. 장소가 갖는 상징적인 기억과 개발의 대립된 가치에서 공공성에 대한 배려는 개별단지의 사유화가 아닌 지역 커뮤니티의 새로운 장소성을 만들 수 있을 것이다.

그런 의미에서 도시를 놓고 볼 때 나는 MIT의 케빈 린치 교수가 낸 『도시의 이미지(The Image of the City)』에서 언급한 도시의 5가지 요소에 이의를 달고 싶다.

케빈 린치 교수는 이 책에서 도시를 길(path), 경계(edge), 구역(district), 중심(node), 랜드마크(landmark) 등 5가지 요소를 통해 파악했다. 하지만 이 다섯 가지 요소만으로는 도시를 설명하기가 부족하다. 왜냐하면 길이나 경계는 의미상으로는 모두 경계로 다가오기 때문이다. 그리고 또 공원은 어떻게 설명할 것인가? 지금까지 도시를 이 5가지 요소로 보아 왔다면 당신은 아마 도시 산업화의 또 다른 포로일지 모른다.

자연과 더불어

도시 건축이 빠진 가장 큰 착각은 건축이 자연이라는 큰 환경에서 이탈할 수 있다는 생각이다. 하지만 이것은 진정 착각이다. 마치 "인간이 자연을 보호해야 한다"*고 부르짖는 것과 같은 모순이다. 모든 건축이 설사 도심에 들어선다고 할지라도 자연이라는 큰 환경에서 이탈할 수는 없다.

그 자각의 단편 하나. 비록 장소는 다르지만 건축가 정지용 씨가 맡았던 무주공설

* 흔히 우리는 자연을 보호해야 한다고 이야기한다. 의미상으로 틀린 말은 아니다. 하지만 엄연히 보호의 주체는 인간이 아니라 자연이다. 그 자각이 바로 자연에 대한 올바른 인식의 출발이다. 문화부장관을 지낸 이어령 교수는 『젊음의 탄생』(생각의나무, 2009년)이라는 책에서 우리가 사용하는 '자연보호'라는 말은 웃기는 말이라 했다. 자연이 인간을 보호해 왔지 언제 인간이 자연을 보호해 왔느냐는 것. 자연보호란 말 속에 이미 자연을 파괴하는 원인인 인간의 오만함이 깃들어 있다는 것이다. 그는 "자연은 인간의 보호 대상이 아니라 인간이 학습해야 할 위대한 교과서"라고 했다.

운동장 프로젝트를 보면 그것을 이해할 수 있다. 정지용 씨는 노무현 대통령의 사저를 설계한 유명 건축가이다.

정지용 씨는 그의 저서 『감응의 건축』(현실문화연구, 2008년)에서 이 프로젝트를 두고 "모더니즘 건축이 놓친 자연과 인간의 '교감'과 '감성'을 내게 일깨워 준 작업이었다"고 회상했다. 이 중 '등나무 운동장' 부분은 너무도 감동적이기에 그 내용을 간추려 인용한다.

지방 소도시의 조그만 공설운동장이란 평소에는 한적하고 가끔 행사가 있을 때에나 사람들이 모여드는 곳이다. 하지만 공설운동장에서 군내 행사가 있을 때마다 주민들은 거의 오지 않았다고 한다. 너무도 이상해서 무주군수가 그 이유를 주민들에게 물으니 어르신 왈 "군수만 본부석에 앉아 비와 햇볕을 피해 앉아 있고 우린 땡볕에 서 있으라고 하는데 우리가 갈 수 있겠나" 하더라는 것.

무주군수는 이 소리를 듣고 크게 느낀 바 있어 곧바로 운동장 주변에 240여 그루의 등나무를 심었는데 그 등나무가 잘 자라 주민들이 그늘에서 관람할 수 있게 됐다는 것이 이야기의 줄거리다.

등나무를 심으면 파고라와 같은 구조물을 등나무가 타고 올라가 그늘을 만들 것이라는 지극히 평범한 발상! 하지만 군수의 평범한 경험과 관찰에서 나온 이 발상은 비록 사소할지 모르지만 그 아이디어의 원천은 주민의 말 한마디에 귀 기울이는 그의 자세였다.

그리고 우리가 알아야 할 또 하나는 건축가 정지용과 주민을 감동시킨 것은 거창한 구조물이나 건축물이 결코 아니었다. 주민을 감동시킨 것은 바로 자연이었다는 것.

스페인의 천재 건축가 가우디가 끊임없이 추구한 것도 바로 자연이 아니던가? 그에게 건축은 별도로 존재하는 것이 아니라 항상 자연과 함께였다. 표현됐던 모든 것들이 자연 속에서 영감을 얻었고 추구했던 도시나 건축물 또한 '자연과 더불어'였다.

'건축은 자연과 더불어 있을 때 빛이 난다.' 모두가 아는 사실이지만 유감스럽게도 제대로 실천하는 사람은 드물다. 건축은 자연을 본격적으로 대접하지 않고

자연에서 모티브를 얻은 가우디와 그의 건축.

되레 조경이라고 하는 부수적 요소 속에서 인공적으로 다루려고만 했다. 하지만 조경은 건축의 보조수단이 아니라 엄연히 주인임을 알아야 한다.

자각의 단편 둘. 2008년 12월 18일부터 2009년 2월 15일까지 경기도 안산에서 열린 '2008 크로스장르 건축 제안' 전에서는 덴마크 출신의 건축가 비야케 잉겔스(34)의 작품 '도시의 다공성' 이 관객들의 눈길을 사로잡았다. 그의 작품 '도시의 다공성' 은 빽빽하게 자리 잡은 안산의 아파트촌을 보고 아이디어를 얻은 것으로 각각의 집을 육면체로 분리, 분리한 육면체를 다시 쌓고 조금씩 비틀어 부드럽고 우아한 한국의 산 능선과 잘 어울리면서 아랫집의 지붕을 윗집의 정원으로 삼을 수 있는 새로운 형태의 주거공간으로 창조했다.

보통 산이 있는 곳에 아파트를 짓게 되는 경우 산을 편편하게 다져 놓고 집을 짓는다. 하지만 잉겔스는 굳이 이렇게 할 필요가 없음을 건축설계를 통해 보여 주었다. 산의 능선도 살리고 주택의 조망도 충분히 살리는 설계. 무엇보다 성냥갑 아파트를 변형한 새 주거공간의 대안으로 실제로 적용 가능한 도시 개발 청사진으로 손색이 없다. 기존의 경직된 직선형 아파트가 곡선의 건축으로 변모하는 놀라움이랄까?

선택과 집중

지금 대한민국은 도시의 위기다. 그렇지만 도시의 기회이기도 하다. 대한민국의 도시는 대부분 처참하게 황폐화되었다. 재개발 재건축으로 마구 파헤친 결과다.

부산의 경우만 해도 2009년 현재 487곳이 재개발 재건축 예정구역으로 지정돼 있다. 하지만 대부분의 전문가들은 이 많은 예정구역 중 당장 필요한 곳은 20~30여 곳에 불과하다고 말한다.

그렇다. 서울 부산 등 대부분의 지자체들은 사업주의 사업성에 너무나 순진하게도 구역 지정을 허했다. 그 결과 부산은 이미 되돌리기에는 너무도 멀리 와 버렸다.

하지만 현실은 구역 지정만 받아 놓고 아직 첫 삽을 뜨지 않은 곳이 부지기수다. 재개발이나 재건축이 당장 급하지 않은 곳이라면 조합 등 시행사가 자발적으로 반납하는 것도 한 방법이다.

지자체들은 이런 기회를 재개발 조합이나 시행사 측에 주어야 한다. 그리고 조합이나 시행사도 면밀히 검토해야 한다. 사업이 너무 많이 진행된 경우엔 되돌리기가 곤란하다는 문제도 있지만 지자체가 고민해야 할 몫이요, 조합과 시행사, 설계사 등이 일정부문 감내해야 할 일이다.

부산 남구 문현동 속칭 문현 안동네는 250여 채의 낡고 칙칙한 담벼락에 해맑은 아이들과 꽃, 나비 등이 그려져 있다. 이곳은 부산시와 대한주택공사 부산시건축사회가 틀을 만들고 대학생 자원봉사자들이 참여해 2008년 5월부터 3개월여 만에 만들었다. 어둡고 칙칙한 동네의 대명사처럼 여겨졌던 마을은 밝고 화사하게 다시 태어났다. 주말마다 사진작가들이 몰려들고 있고 영화 〈마더〉의 촬영장소로 이용되기도 했다. 이제는 부산의 대표적 관광지가 됐다.

부산의 새로운 문화로 탄생한 것이다. 하지만 이곳도 주거환경 정비구역으로 되어 있다. 언제 집이 헐리고 담벼락의 벽화가 사라질지 모른다. 폭력은 모습을 달리하며 도처에 널려

있음을 실감한다. 부산의 문화가 재개발 재건축으로 사라져
도 손 놓고 있어야 할 판이다.

부산시도 나서서 보존하는 데 힘을 보태고 있지만 보다 적
극적인 지원이 요구되는 대목이다.

하지만 도시계획 전문가들은 살릴 것은 살리고 보존할 것은
보존해야 한다고 한목소리를 낸다. 그런 의미에서 보면 문현
동 벽화마을은 반드시 살려야 한다는 것이다. 있는 공간에서
아이디어를 찾아야 도시가 살아난다. 그것이 도시 마케팅이
다. 새로운 것을 짓는다고 해서 도시가 새로워지고 활기를 띠
는 것은 결코 아니다.

부산 남구 문현동 벽화 마을. 부산시와 대한주택공사,
부산시건축사회가 틀을 만들고 대학생 자원봉사자들이
참여해 2008년 5월부터 3개월간 작업 끝에 만들었다.

　그렇다고 이미 엎질러진 물이라고 낙담하고 있을 순 없다. 487곳이라도 제대로 하면 된다. 하되 지금까지의 방식으로는 곤란하다. 그렇다면 위기가 기회일 수 있듯이 487곳은 부산이라는 도시를 새롭게 그릴 수 있는 기회가 될 수도 있다.

　그렇지만 지금의 재개발 재건축 방식은 답이 아니다. 최소 4~5개 구역을 한데 묶는 소위 뉴타운 방식의 접근이 필요하다. 그래야 도시의 특색도 살릴 수 있고 제대로 된 도시재생을 할 수 있기 때문이다. 이런 접근은 다행히 부산시도 필요성을 공감하고 있는 듯하다.

　김영기 부산시 도시정비과장은 "현재 487곳 정비예정구역 중 당장 재개발이 필요치 않거나 절실하지 않다면 조합이나 시행사의 구역 취소 요구를 적극적으로 받아 줄 방침"이라고 했다. 덧붙여 "1개의 재개발 지역으로는 도시계획이라는 밑그림을 그리는 데 한계가 있다. 도시계획과 연계해 제대로 된 재개발이 되기 위해서는 적어도 2~3개 혹은 4~5개 정도의 인접 재개발 지역을 묶어 개발하는 것이 옳다"고 설명했다. 부산시의 재개발에 대한 변화를 예고하는 부분이다.

큰 그림을 그리자

건축의 힘

20세기를 지배했던 도시 유형은 공장도시다. 그러나 21세기, 아니 미래의 도시는 더 이상 공장형 도시가 아니다.

여전히 일부 도시에서는 제조업으로 대표되는 공장들이 도시를 지탱하는 주요 역할을 담당하고 있다. 그런 점에서 부산도 자유롭지는 못하다. 전통 제조업의 쇠퇴는 경제활동 인구의 외부 유출을 가속화시키고 이는 인구 고령화와 맞물려 지역의 인적자본 고갈을 심화시킬 수 있기 때문이다. 하지만 공해 산업으로 대표되는 공장형 제조업에 한없이 연연해할 수는 없다.

교육을 두고 우리는 흔히 '백년대계'라 한다. 그렇다면 건축은? 난 감히 '천년대계'라 말하고 싶다. 건축의 수명이 천

년을 가기란 쉬운 일은 아니지만 '잘 만든 건축물 하나 천 년 간다' 는 것. 스페인 빌바오가 좋은 예이다.

인구 35만 명의 빌바오는 1980년대까지만 해도 철광, 조선, 철광업 등 전통산업이 붕괴되면서 실업률이 25%까지 치솟는 쇠락의 도시였다. 그러던 것이 1997년 건축가 프랭크 게리가 설계한 최첨단 디자인의 구겐하임 미술관 분관을 열고 도시 전체를 문화의 도시로 완전 개조하면서 국제적인 문화 명소가 되었다.

지난 10년간 986만여 명이 이 미술관을 다녀갔고 이들 관광객은 16억 유로(약 2조 1천억 원)를 이 도시에서 썼다. 그 결과 스타 건축가가 지은 빼어난 외양의 건물이 도시 전체를 발전시킨다는 '빌바오 효과' '구겐하임 효과' 란 신조어가 탄생하기도 했다. 전 세계 도시들이 빌바오 모방에 나선 것은 물론이다.

우리는 어떤가? 강원도 정선시를 살리려고 우리는 그곳에 카지노를 지었다. 그러나 정선은 죽었다. 빌바오는 살았지만 정선은 죽었다. 빌바오 뒤엔 문화가, 예술이 있었다. 그것이 문화 예술의 저력이고 건축의 힘이다.

건물에 옷을 입히다

"한국에선 비슷비슷한 건물들이 너무 많아요. 그래서 한참을 걷다 보면 길을 잃어버릴 때도 있고…."

건축의 수명이 천 년을 가기란 쉽지 않지만 잘 만든 건축물 하나가 지역을 살리고 도시를 살리는 것은 분명하다. 사진은 홍콩의 여러 건축물들.

　몇 년 전 부산 해운대 벡스코에서 열린 '부산국제건축문화제' 국제심포지엄에 참석한 마이클 소킨(미국 뉴욕시립대) 교수는 이렇게 말했다.

　소킨 교수의 이 따끔한 지적은 부산이라고 크게 다르지 않다. 그래서 부산을 찾은 외국인들의 "몇몇 오래된 사찰을 제외하곤 특별히 가보고 싶은 건물이 없다"는 얘기는 뼈아프다. '건축=도시 디자인'이라는 개념에서 보면 부산은 한참 뒤처져 있다.

　부산의 건축 전문가들은 흔히 부산의 건축에 대해 "부산만이 가진 정체성이나 대표적인 건축이 없다. 부산에는 도시와 건축물은 있으나 진정한 의미의 건축과 도시성은 찾을 수 없다. 건축이 가지는 다양성이 결여돼 있으며 그 중심에 인간이 아닌 물질이 있기 때문에 도시는 생명력을 잃고 있다"고 말한다.

　실제로 민간에 의해 개발된 지역의 건물이나 심지어 공공건축물마저 특별히 내세울 만한 건축물이 없는 것이 사실이다. 중앙동과 서면의 도심이나 도시경계를 이루는 기장, 사하까지 모두 다를 바 없다. 단지 동네마다 용적률과 층수 등 수치만 조금씩 다를 뿐 건축의 차이를 발견할 수 없다. 이는 대부분의 건물들이 상업성만 추구, 건축의 미적인 가치를 소홀히 했기 때문이다.

　그러면 어떻게 해야 할까? 도시 건축물 하나하나를 단순히 투기의 대상이나, 건축 구조물로만 보지 말라는 것이다. 도시 건축은 산업, 문화, 예술, 사회, 경제가 얼개처럼 얽힌 종합 판이다.

　도시의 많은 콘텐츠는 문화 성장에 기초가 되며 현대는 문화와 문화 간 결합과 상호작용이 중요한 문제로 대두되고 있다. 이제 문화는 경제와 손을 잡으면서 새로운 특성을 개발하고 있으며 문화를 하나의 산업과 환경으로 구성하기 위해 아이디어를 내고 있다. 도시계획가와 건축가, 디자이너들은 예술과 문화를 이해해야 하며 이것이 어떻게 경제적·유기적으로 작용하는지를 연구하는 시대가 됐다. 그래서 도시는 문화며 문화는 경제다.

　유럽의 변방이라 할 수 있는 스페인 바르셀로나에는 연중 관광객들이 끊이지 않는다. 관광객 유인의 한가운데는 독창적인 디자인으로 유명한 건축디자이너 안토니 가우디가 바르셀로나를 캔버스 삼아 곳곳에 '본인의 흔적'을 남겨 놓았기 때문이다. 스페인의 빌바오도 구겐하임 박물관이라는 건축물 하나로 인구 50만 명의 한적한 도시가 매년 400만 명이 찾는 유럽의 명소가 됐다.

　이는 창조적인 건축가 한 명,특별한 건물 하나가 도시의 브랜드 가치를 제고하는 '힘'을 보여 주는 대목이다. 건축 디자인이야말로 거시적인 안목에서 볼 때 고객의 욕구를 간파하고 부가가치를 창출하는 성공의 핵심 요소가 되고 있다. 프랑스 파리의 에펠탑도 마찬가지다. 퐁피두센터는 또 어떠한가. 파리시민의 문화적 자존심이다. 싱가포르도 같은 경우이다.

대부분의 건축물들이 도심의 환경과 함께 어우러져 있으며 독특하다.

도시 변화의 한가운데는 세계적 건축가나 건축물이 있다. 건축이 도시에 단순히 또 하나의 건축을 더하는 것이 아니라 문화의 얼굴을 입히고 있는 것이다.

월드컵이 한창일 때 붉은 악마 셔츠로 건물 한 면을 장식한 거대한 광고가 인기를 끈 적이 있다. 비록 의미는 다르지만 이제 건물에 옷을 입힐 때가 됐다.

미국의 건축가 마이클 소킨 교수는 몇 년 전 부산 방문에서 "도시는 인간, 환경, 인공구조물 등 다양한 내용들을 담는 그릇이다. 좋은 도시는 각각의 요소들이 충돌하지 않고 조화를 이루는 곳이다"고 충고했다.

부산의 건축물에는 부산의 특징인 개방성과 해양성 등의 이미지가 투영돼야 하며 이를 위해서는 지구별 차별화를 바탕으로 적절한 수준의 보전과 육성, 창출이 필요하다. 차별 속의 질서랄까.

부산발전연구원 이정헌 (도시계획)선임연구위원도 "부산 건축을 개별이 아닌 도시와 같이 봐야 한다. 도시 건축이라는 측면에서 중요성, 해양의 특성을 살린 디자인과 경관 시뮬레이션 등을 통해 주변경관을 배려한 건축들이 많이 이루어져야 한다"고 강조했다.

부산의 독특한 문화와 정서적인 가치를 드러낼 수 있도록 건축과 도시공간을 만들어 가야 한다는 의미이다.

교육부터 고민을

부산 건축이 꽃을 피우기 위해서는 무엇보다 시작이 중요하다. 그런 의미에서 대학의 건축 관련 교육은 부산 건축이 꽃필 수 있는 밑거름이다. 전문가들은 대학의 건축 관련 교육도 이제는 진지하게 고민해야 할 시점이라고 말하고 있다.

현재 상당수 대학들은 학부 과정에서 건축설계 공모전을 학과 과정 중 하나로 중요시하고 있다. 김용남 삼현 도시건축사 대표는 "이는 현장에서 공부를 열심히 해 좋은 학점을 받는 것보다 공모전에서 입상한 것을 더 높게 평가하기 때문인 것도 한 이유"라고 설명했다.

동의대 건축학과 정량부 교수는 "학생들은 공모전 위주로 공부하고 있고 대학도 이에 맞춰 변모하고 있는 것이 현실이다. 심지어 수업과목에도 공모전이 있을 정도"라고 했다.

학생들이 공모전에 열중하다 보니 기초교육은 등한시되고 컴퓨터를 통해 테크닉만 습득하는 쪽으로 쏠리게 된다는 것이다. 디자인에는 나름대로 원리와 이론들이 있는데 이를 습득해 디자인하는 연습보다는 그래픽을 활용, 테크닉만 익히는 쪽으로 변모하여 대학이 학원으로 전락해 가고 있는 것이다.

학생들의 교육과 함께 일부에서는 세계적 건축물을 지으려면 설계, 시공, 발주제도도 개선돼야 한다고 주장한다. 실제로

국내에서는 중앙집중식이나 경제성 위주의 획일적인 발주로
인해 지역과 사업의 특성이 반영되지 않는 문제점이 있다.

이와 함께 건축 전문가들의 적극적인 자세도 필요하다. 건
축주의 단순한 물질적 요구 충족을 위한 노력과 업무에만 국
한하지 말고 전문가로서의 충실한 역할 수행이 절실하게 필
요하다. 본연의 역할을 수행할 때 비로소 건축이 생명력을 갖
게 되며 도시가 소생하게 된다.

이와 함께 사업주의 인식도 바뀌어야 한다. 스페인에서 가
우디 건축이 꽃을 피운 것은 '구엘'이라는 든든한 사업주가
있었기 때문이다. 그렇다면 지금이야말로 가우디의 건축설계
를 이해하고 이를 후원해 준 사업주의 안목이 필요한 시점이
아닐까.

문화가 도시를 먹여 살린다

최근 세계 도처에서는 '문화도시' '창의도시'를 표방하며 도시를 새롭게 변모시키는 새 바람이 붐을 일으키고 있다. 한마디로 세계 도시는 변신 중이다.

낙후된 산업도시나 지방 중소기업이 그 주인공. 각종 박물관이나 문화 예술인들이 정착할 수 있는 환경을 만드는 게 골자다. 소위 빌바오 또는 구겐하임 효과를 노리는 움직임이다. 서울시도 2008년 '문화창의도시'를 표방하며 문화자산으로 고부가가치를 창출하는 컬처노믹스 전략을 내놨다.

일본의 항구도시 요코하마엔 전국 각지에서 찾아오는 예술가들의 발길로 넘쳐난다. 요코하마가 오래전부터 주목을 받은 것은 아니다. 요코하마가 주목받기 시작한 것은 2004년 문화 예술인들이 모여 살고 싶은 도시재건을 하면서부터다. 이같은 문화예술 활동을 통한 경제적 부가가치는 수백억 엔에 달할 정도이다.

인구 20만 명 정도의 영국 소도시 게이츠헤드는 이 나라에서 문화도시로 기획해 재개발한 원조로 꼽힌다. 지금은 영국의 대표적 문화도시이지만 지난 60~70년대만 해도 폐허에 가까운 도시였다. 그러나 70년대 후반 시정부는 산업 대신 문화로 도시를 재건하겠다는 계획을 세우고 98년 게이츠헤드 외곽에 '북녘의 천사(The Angel of the North)'라는 영국 최고의 야외 조형물을 건립했다.

빌바오 혹은 구겐하임 효과는 나타났다. 이를 보기 위해 연간 수백만 명이 찾기 때문이다. 문화를 향한 도시의 질주는 이후에도 쉼 없이 계속됐다. 결과는 2007년 방문객 2천만 명을 유치, 관광 수입만으로 40억 파운드(약 8조 4천억 원)를 올리고 있다. 2007년 한국을 방문한 관광객 수 678만 명과 대조된다.

싱가포르는 또 어떤가? 싱가포르는 특히 2000년부터 추진하고 있는 창조도시계획이 이제 구체적인 모습을 드러내고 있다. 2003년 싱가포르 해안 예술극장으로 문을 연 열대 과일 모습을 한 '에스플러네이드(Esplanade)'가 이 계획의 시발점이다. 2천 석 규모의 극장과 1천600석의 콘서트홀을 갖춘 이 공연장은 불과 5~6년의 세월이 흐른 지금, 싱가포르를 세계 공연의 중심지로 만들고 있다.

도시공간이란 큰 틀에서 보면 개별 건축물의 진화는 미세한 점에 불과할지 모른다. 하지만 이런 작은 움직임들이 지속적으로 모이고 확장돼 '건축의 문화적 풍경 만들기'란 도도한 흐름을 만들어 내는 것이다.

한국, 도시 미래를 묻는다

명품 도시의 조건

세계는 지금 도시 경쟁의 시대에 돌입하면서 도시 간 경쟁이 어느 때보다 뜨겁다. 여기에는 우리나라도 예외일 수 없다. 서울은 물론이고 부산, 인천 등 거대 도시를 비롯해 중소 도시들도 치열한 글로벌 경쟁에 동참하고 있다.

하지만 이들 도시 가운데 상당수가 자본을 내세운 단기 프로젝트에 의해 도시계획을 추진하고 있다. 문제는 바로 이것이다. 도시의 변화는 단순히 자본의 힘만으로 결코 성공할 수 없는 것이다.

실제 세계의 주요 도시들 가운데 소위 명품 도시들은 자본의 힘으로 도시를 명품으로 만들어 낸 것이 아니라 문화를 기반으로 했다는 사실이다.

자본을 기본으로 한 두바이의 허상을 보라. 한때 '사막의 신화', '중동의 진주' 등의 수식어를 받으며 글로벌 도시로 도약하려는 전 세계 도시들의 자극이 되었지만 불과 몇 년 사이 두바이를 바라보는 시각은 정반대로 변하고 말았다. 이는 자본과 개발에만 의존하는 장밋빛 개발전략만으로는 명품 도시를 만들기가 쉽지 않다는 것을 보여 준 좋은 예다.

반면 스페인의 빌바오라든지, 영국의 글래스고우는 도시의 고유 가치를 문화에서 찾음으로써 성공할 수 있었다.

빌바오나 글래스고우 모두 전통적인 산업을 기반으로 하는 도시였다. 그러나 도시 기반 산업의 쇠락으로 도시의 이미지를 문화적인 것으로 만들어 간 것이 주효했던 것. 지금은 관광객이 끊이지 않는 유럽의 문화도시이자 세계가 주목하는 도시로 각광을 받고 있다.

단기 프로젝트를 통한 도시 변화 접근 방식도 명품 도시를 꿈꾸는 도시의 몫이 아니다. 명품 도시가 되기 위해서는 미래 지향적이어야 하며 장기적인 비전이 있어야 한다. 최근 들어 특히 국내 도시들은 보통 단기 프로젝트, 눈앞의 행사 또는 이벤트에 급급하거나, 눈앞의 이득에만 매달리는 경향이 있다. 세계적 행사나 대회 개최지에 대한 지나친 집착 말이다. 하지만 두바이의 사례가 말해주듯 단기적이고 가시적인 결과에 집착한 개발은 결국 그 허점을 드러내기 마련이다. 특히 지자체장의 과도한 성과주의와 맞물리게 되면 그 도시는 자기의 정체성을 상실할 수도 있음을 알아야 한다.

한창 공사가 진행 중인 아랍에미리트 두바이 건설 현장.

도시는 멀리 보되 천천히 걸어야 한다. 지속 가능한 도시 만들기가 아니라면 미래는 없다는 사실을 한국의 도시들은 기억해야 한다.

부산, 도시 미래를 생각한다

한 도시의 인구가 지속적으로 줄고 있다면 그 도시는 사람들에게 매력을 점점 잃어 가고 있다는 방증이다. 그런 의미에서 본다면 부산이란 도시도 유감스럽게도 이 흐름의 한 축에 있다고 볼 수 있다.

실제 도시 관련 각종 지표를 통해 본 부산의 10년 변화상을 봐도 부산이란 도시의 매력은 갈수록 색이 바래고 있음이 드러난다. 인구의 변화를 보자. 1998년에는 384만 2천여 명이었으나 10년이 지난 2008년에는 359만 6천여 명으로 24만 6천여 명이 줄어들었다. 1년에 2만여 명 이상이 부산을 떠난다는 것이다. 떠나는 도시, 부산. 다시 부산으로 뭔가가 돌아온다는 소식은 좀처럼 듣기 힘들다.

나가는 도시를 들어오는 도시로 만들어야 한다. 그러면 어떻게 하면 들어오는 도시로 만들 수 있을까?

공장을 많이 유치한다고, 아파트를 많이 건설한다고 인구가 크게 늘어나는 것은 아니다. 강제적, 일시적 인구 증가 현상은 있을 수 있지만 장기적으로 볼 때 도시 인구는 크게 늘어나지 않을 것이다.

하지만 도시에 문화가 있다면 달라질 수 있다. 그렇다고 큰 문화시설이 있고 문화축제와 박람회가 펼쳐진다고 해서, 또 문화도시를 표방한다고 해서 달라지는 것은 절대 아니다.

세계의 도시들은 지금 모두 문화도시를 꿈꾸고 있지만 모두가 문화도시가 되는 것은 아니다. 어떻게 하면 진정한 문화도시가 될 수 있을까?

도시 고유의 역사가 기록되고 그 안에서 오늘의 역사 또한 살아 숨 쉬는 것이 보일 때 도시는 그 고유의 상징적 이미지를 갖게 된다. 오래된 낡은 건물 하나가 그 도시를 대변할 수는 없겠지만 도시민들의 삶의 발자취가 묻어나고 그것이 오늘에도 이어지는 도시의 다양한 표정들이 바로 문화도시를 위한 토대요, 기초인 것이다.

예를 들어 파리를 떠올렸을 때 에펠탑이나 박물관, 성당 등도 있지만 퐁피두센터처럼 근대 건물 앞에서 펼쳐지는 소규모 공연들, 몽마르트르 언덕에서 펼쳐지는 예술가들의 모습들이 문화예술도시 파리의 이미지를 형성한다.

파리처럼 지금 현재 보여 줄 것이 없다면 독일 베를린에서 그 방법을 배워도 좋을 듯하다. 베를린은 낡고 쓰러져 가는 공간을 활용해 문화공간으로 변신시켜 성공한 경우다. 베를린 시는 통일 이후 낡고 쓰러져 가는 건물을 작가들에게 무상으로 제공했다. 작업하기 좋은 곳을 찾고 있던 예술가들은 베를린 곳곳의 버려진 공간으로 하나둘씩 모여들게 된 것, 소위

'예술 스콰트(squat artistique)'＊였다.

이렇게 형성된 공간들은 누구에게도 간섭받지 않고 자유로운 창작활동을 위한 공간으로 재탄생한다. 소위 폐허에서 꽃핀 예술의 혼. 지금 베를린은 세계 현대 미술의 중심도시가 됐다. 세계 미술시장은 베를린을 빼면 돌아가지 않을 정도가 됐다. 예술가를 불러들였다는 것은 창조적인 사람들을 모았다는 것이 된다. 창조적인 인재들이 모였으니 자연 도시는 창조도시가 될 수밖에 없다.

인구가 줄고 있는 부산이 변화를 갈구한다면 시작은 적어도 문화에서 찾아야 한다는 것을 말하고 싶다. 도시민의 삶이 마치 자갈치시장의 고기처럼 살아 움직이는 다이내믹한 부산을, 그러한 부산을 오감으로 느끼고 싶다.

시민과의 공감대가 먼저다

부산시의 도시계획을 보면 과연 원칙이 있는가 하는 의구심을 갖지 않을 수 없다. 방향성도, 철학도 없다. 너무도 일회성이고 단편적이다.

부산롯데월드의 고도제한 지침을 풀어 주더니 해운대 관광

리조트의 남쪽 고도제한마저 풀어 줄 기세다. 그리고 여차하면 해운대와 수영구 일대 해안선도 풀어 줄 기세다. 스카이라인은 한 번 무너지면 끝이다. 고도제한을 부산 해안선 전체에 풀어 줄 것인지 아니면 일부 구간만 적용할 것인지 헷갈린다. 시민 공청회도 필요하다. 아니 먼저 했어야 했다.

2013년까지 부산진구 양정동 송공삼거리와 부전동 삼전교차로 간 중앙로에 들어설 예정인 길이 442m, 너비 44m의 광장(가칭 부산중앙광장) 조성 계획도 뜬구름 없다. 먼저 장소에 대한 시민 여론 수렴이 제대로 됐는지 궁금하다. 광장이 어떻게 자리 잡을 것인지 위치와 형태 등에 대해 설문조사 등의 과정을 거친다고 하지만 이 또한 형식에 불과한 것 같다. 또 사면이 차도로 둘러싸인 광장이 될 터인데 그렇다면 당장 광장 구실을 할 수 있을지도 궁금하다. 이건 도로의 중앙분리대와 별반 다를 게 없다. 고립된 섬을 어떻게 시민들의 일상화된 삶이 묻어나는 광장이라고 할 수 있을까? 광장은 시민들이 일상 속에서 자유로이 공동체성을 확인할 수 있는 공간이 되어야 한다. 부산시에 부탁하고 싶다. 제발 일회성 도시계획을 남발하지 말라고.

부산시의 철학 없음은 최근 추진하는 건축조례 개정 움직임에서도 여실히 드러난다. 시에 따르면 일조 시뮬레이션 등을 실시해 동지 기준으로 오전 9시부터 오후 3시 사이 최소 2시간 연속해 모든 세대의 일조권이 확보될 경우 공동주택의 동 사이 이격거리를 건축물 직각높이의 0.7배로 완화시킨다는 것이다. 이는 부산시가 평소 내세우는 '그린시티'와는 너무도 거리가 멀다. 동 간 거리를 크게 하는 것은 녹지 공간을 넓게 가져갈 수 있는 기회다. 하지만 그런 기회를 원천적으로 봉쇄하는 것이 이번 조례의 골자다.

말로는 쾌적하면서도 세련된 도시를 만들자며 '그린시티'를 외치면서 정작 실상은 그린시티와는 반대 방향으로 움직이고 있는 것이다. 시는 건설경기 활성화를 위해 명분도, 원칙도 버렸다. 말만 앞세운 '그린시티'가 된 꼴이다. 그래서 부산시가 철학이 없고 원칙이 없다는 것이다. 여기에 동조하는 시의회도 한심스럽기는 마찬가지다. 두 눈을 부릅뜨고 제대로 정책을 살펴야 할 언론의 역할도 아쉽다. 언론이 제 기능을 못 하면 시민이 괴롭다.

다이아몬드 브리지(Diamond bridge)를 기억하는가? 부산시가 지난 연말 광안대교에 붙인 이름이다. 하지만 광안대교를 다이아몬드 브리지라고 부르는 사람은 거의 없다. 명칭에 대해 시민과의 공감대가 형성되지 않았기 때문이다. 부산민주공원도 하루아침에 중앙공원이 되고, 1876년 개항(開港) 이래 부산항 최대의 역사(役事)라는 북항재개발사업*의 명칭도 센트럴베이가 된다. 중앙공원, 중앙부두는 세계 어디에나 있다.

밀레니엄 기획 동부산관광개발사업의 방향성도 마찬가지다. 최근 개발 주체를 일원화하고 단계별로 분할 개발한다는 방침을 정했으나 향후 어떤 그림이 그려질지는 여전히 미지수다.

동부산은 여전히 잠자고 있다. 동부산 관광단지가 수년 동안 잠잘 수밖에 없었던 것은 시민사회와의 공감대 부족 때문이다. 밀레니엄 기획이라는 부산의 거대 사업을 하면서 언제 제대로 된 정보를 공개한 적이 있었던가?

관련 공무원은 스스로 자기가 가장 많은 정보와 관련 지식을 가졌다고 자랑했지만 공개는 하지 않았다. 제발 정보를 시민과 공유하라는 기자의 말에 아직은 아니라며 쉬쉬 했었다. 그 결과 동부산관광개발사업은 지금까지 갈팡질팡하다 세월만 보냈다. 뭘 담을지 최근에야 겨우 정했을 뿐이다.

부산시가 야심차게 추진하는 '도시 디자인' 도 마찬가지다. 세계 도시를 지향하는 부산이 '도시를 디자인하자'*라는 슬로건으로 변화의 몸짓을 시작했지만 그 중심에는 시민이 있고 자연이 있어야 함을 잊지 않아야 한다.

그리고 하나 더. 디자인을 단순히 조형적 시각에서만 바라보지 않아야 한다는 것이다. 가령 서비스의 질을 높이는 것도 넓은 의미의 '도시 디자인'이 될 수 있다는 것. 그런 의미에서 디자인은 배려와 소통을 향한 첫 걸음이어야 한다.

부산에 옷을

이번에는 도시의 핵, 건축을 보자. 부산 고유의 독창적인 도시 분위기 연출과 건축디자인 등에 대한 관심은 '부산다운 건축'의 출발이라 해도 과언이 아니다.

2000년대 들어 정부의 규제완화 정책에도 불구하고 부산시는 도시 건축 경관 관리의 필요성을 인식하고 2003년 부산다운 건축 마스터플랜을 수립, 부산 도시 건축의 비전을 제시했다.

아울러 부산시는 2002년부터 건축에 대한 발상 전환과 혁신을 꾀하기 위해 부산타워를 비롯, 광안대교, 에코센터, 부산영상센터, 국제비즈니스센터, AID재건축아파트 등 국제건축 공모를 활발하게 추진하고 있다.

또 건축디자인의 획기적인 개선을 위해 소규모 건축물 미관 자문위원회를 건축사협회에 설치해 운영하고 있다. 또한 건축물의 높이를 보다 선진적으로 관리하기 위해 부산시역 건축물 높이 관리계획도 수립, 실시하고 있다.

이러한 부산시의 움직임은 분명 높이 살 만하다. 왜냐하면

부산 해운대에 새롭게 들어설 예정인 AID아파트의 조감도.

오늘날 도시의 위기는 디자인(여기서는 건축설계 및 도시 디자인)*의 위기에서 기인한 측면이 높기 때문이다. 하지만 일부 전문가들은 부산시의 도시 건축에 대한 관심은 인정하나 개발의 방향성, 다양한 아이디

*도시 디자인은 건물을 어떻게 지으며, 자재를 어떻게 제조하고, 대지를 어떻게 이용하며, 어떻게 문화를 표명할 것인가 등이 포함된다.

어의 창출 부족 등 '출발의 보완'을 주문하고 있다.

개발이 어디 재개발, 재건축, 뉴타운만 있는가? 또 개발의 모습이 바둑판 같은 아파트만 있는가? 개발의 방향이 재개발만 있지 않다는 것을, 개발의 모습이 아파트만이 아니라는 것을 이야기해야 하고 제시해야 한다. 그것이 지자체가 할 일이다.

최근 TV의 한 아파트 광고엔 1층은 인기가 없기 때문에 1층에 바람길을 만들었다는 내용과 1층 문 앞은 사람들의 왕래가 많아 1층 집에 출입문을 분리했다는 것, 그리고 1층은 사생활 보호가 힘들기 때문에 1.5층을 만들었다는 내용이 나온다. 소비자의 입장에서 고민을 하면 못 할 것도 없다는 것을 보여 주는 좋은 예다.

이처럼 지자체도 시민의 입장에서 고민한다면 다양한 아이디어가 나올 수 있을 것이다. 부산다움에 대한 고민도 있어야 한다. 잊혀 가는 것을 현대적으로 복원해 이것이 한국이고 이것이 부산이구나 말할 수 있게 해야 한다. 부산을 보고 싶은 건축, 걷고 싶은 공간으로 만들어야 한다.

그래서 주제넘게 기업에 부탁하고 싶다. 부산시가 할 수 없다면 기업이 이렇게 해 달라는 것이다. 기업 이윤의 사회 환원이랄까. 용적률을 높여 아파트를 짓겠다는 땅장사 궁리만 할 것이 아니라 지역에 제대로 된 공원, 제대로 된 건물, 제대로 된 도시재생사업을 펼칠 궁리를 해 달라는 얘기다.

산업이냐 관광이냐

부산과 바다는 불가분의 관계다. 그래서 무역, 항만과 관련된 산업은 궁극적으로 번창할 수밖에 없었다. 바다를 끼고 있다 보니 다른 곳에 비해 관광자원도 풍부한 편이다. 또 하나의 축이 있다. 도시에 제조업이 있어야 한다는 고정 관념이다. 물론 80년대까지만 해도 부산에서 제조업을 빼고 산업을 이야기할 수 없었다.

그러나 지금은 사정이 다르다. 관광도 하고 싶고 제조업도 가지고 싶은 것이 부산시의 마음인 것 같다. 하지만 두 가지를 다 가지는 것은 두 가지를 다 포기하는 것과 같다. 어느 것도 성공할 수 없다.

지난 90년대 중·후반 10대 전략 산업육성을 내걸고 지역 내 산업을 망라했던 우를 부산시는 되풀이하지 않아야 한다.

사하구 신평공단, 남아 있는 몇몇 사상공단, 금사공단은 지금이라도 도심 밖으로 이전해야 한다. 그런 의미에서 최근 금사공단과 사하구 신평공단 등을 장기적으로 도심에서 도시 외곽으로 이전을 검토하고 있는 부산시의 움직임은 반갑다. 이전한 곳에서는 공해나 오염이 유발되지 않는 기업으로 바꾸어 갈 수도 있을 것이다.

오염을 유발하는 산업이 도심을 차지하고 있는 것은 관광 부산이라는 도시 이미지와도 배치된다. 관광도시 부산은 분명 맞는데 관광 부산에 대한 정책적 뒷받침이 없다면 누가 부산을 찾겠는가. 수영만 매립지와 금정구 금사동, 회동동으로 이어지는 수영천을 싱가포르 머라이언(Merlion) 공원이나 홍콩의 빅토리아 항처럼 꾸밀 수도 있다.

지금이라도 늦지 않았다. 부산은 뭐가 강점인지, 부산이 다른 도시와 차별화할 수 있는 것은 무엇인지 진지한 고민도 함께 필요하다. 만약 나를 보고 선택하라면 주저 없이 영화산업을 뽑겠다.

국제영화제의 도시 부산이지만 영화산업을 꽃피게 할 기반 산업이 약하다.

도시, 키우는 것만이 능사 아니다

도시계획을 도시 마을을 창조하는 데 이용해야 한다. 무슨 말이냐고? 지금까지만 보면 부산은 대부분의 도시가 그러했듯이 도시 팽창을 꿈꾸는 듯하다. 하지만 이것은 올바른 방향이 아니다. 도시 팽창의 결과는 때론 끔찍하다. 사람들이 모두 차를 갖게 되면서 사회 구조가 파괴되었고 지구 온난화와 기후 재앙을 초래했으며, 농경지와 녹지 공간도 파괴되었다. 해결책은 도심 속으로가 정답이다. 이것은 걸어 다닐 수 있고 지속 가능한 혼합형 도시 마을의 창조를 뜻한다. 도시들은 밖을 키우는 데 주력할 것이 아니라 이제는 안을 채우는 방식으로 발전해야 한다. 그래도 굳이 도시를 키우고 싶다면 부산-후쿠

오카처럼 국경을 초월한 '글로벌 네트워크' 를 하는 방법도 있다. 서로가 서로의 문화를 배우고 교류하면서 우의를 다지는 계기가 될 수 있기 때문이다.

부산은 도시 확대보다 도시 내 균형 발전에 더 주력해야 한다. 부산의 도심은 동서 간 교육적 문화적 경제적 격차가 너무도 크다. 다대포의 음악분수에 대한 시민의 호응이 이를 웅변한다. 덩달아 다대포해수욕장도 특수를 톡톡히 누렸다. 지난해에는 105만 명 정도의 피서객이 찾았으나 음악분수가 가동된 올해 2009년 여름에는 무려 280만 명이 찾았다고 한다. 송정이나 광안리해수욕장의 피서객이 줄어든 것과 대조된다. 음악분수엔 지금도 평일 5천 명, 주말 수만 명이 몰린다고 한다. 주변 아파트의 집값이 들썩이는 등 간접적 효과는 더 크다. 과히 '서부산의 오아시스' 라 할 만하다.

다대포의 음악분수가 명소가 된 것은 그동안 서부산 지역에는 시민들이 즐길 만한 공간조차 제대로 없었다는 얘기

서부산권의 새 명물로 부상한 부산 사하구 다대동 다대포해수욕장 입구에 있는 음악분수.

다. 그만큼 문화에 굶주려 있었고 목말라 있었다는 방증이
다. 아직도 사하구 지역엔 제대로 된 영화관조차 없는 실정
이다.

사하구와 사상구 등에 남아 있는 오염 산업의 과감한 이전
도 필요하다. 특히 사하구 지역은 좀 더 깊이 있는 논의가 있
어야 하겠지만 바다환경과 관련된 세계적인 연구소를 유치하
는 것도 한 방법이 될 수 있다. 미국 하와이가 자연에너지연구
소를 중심으로 미래를 위한 바다 연구의 메카로 자리 잡았음
은 참고할 만하다. 을숙도를 비롯한 세계적인 자연 생태학습
장을 어떤 방식으로 보존하고 가꾸어 나갈 것인가에 대한 진
지한 고민이 있어야 한다.

자연이 살아 숨 쉬게 하자

이동범 씨가 쓴 『자연을 꿈꾸는 뒷간』(들녘, 2009년)에는 예부
터 우리 조상들이 대대로 콩 세 알을 심는 이유를 이렇게 들고
있다.

우리 조상들은 콩 하나는 땅 속의 벌레 몫이고 하나는 새와
짐승의 몫이고, 나머지 하나는 사람 몫이라고 생각했기 때문
이란다. 조상들은 벌레와 새와 사람이 모두 자연의 주인이며,
함께 공존하며 살아야 할 동반자로 보았던 것이다. 공동체라
면 사람들만의 공동체로 생각하는 우리의 좁은 생각을 부끄

럽게 만든다.

이 이야기를 꺼낸 이유는 우리네 도시가 되찾아야 할 것은 바로 '잃어버린 자연'이라는 것이다.

도시에 자연을 숨 쉬게 하자. 일찍이 스위스의 대건축가 르 코르뷔지에(Le Corbusier)는 1935년 미래의 이상 도시 '빛나는 도시'를 이렇게 그리고 있다. 땅의 5%에는 고층 건물이 들어서고 또 10%에는 저층 주택이 들어선다. 그리고 나머지 85%는 녹지다. 빛나는 도시의 고층 아파트 밑에는 길 대신 구불구불한 공원이 펼쳐진다.

건축의 거장 르 코르뷔지에가 그린 꿈의 도시는 바로 자연이 살아 숨 쉬는 곳이었다. 사람들은 르 코르뷔지에의 '빛나는 도시'를 흔히 유토피아라고 한다. 꿈의 도시라는 얘기다. 하지만 녹지가 펼쳐지고 자연이 살아 숨 쉬는 빛나는 도시는 결코 꿈의 도시가 아니다. 결코 못 할 것도 없다.

부산에도 자연이 숨 쉬게 하자. 굳이 에코시티(Ecocity)를 염두에 두지 않아도 좋다. 하지만 도시 속에서 자연을 느낄 수 있어야 한다. 자연과 에너지가 순환하는 도시, 자연과 사람이 공존하는 도시 말이다. 부산 북구청이 하고 있는 탄소가스 배출이 낮은 에너지 저소비형 도시*를 만드는 것도 자연을 숨 쉬게 하는 작은 방법이다.

* 삼성경제연구소는 2009년 9월 '탄소 제로 도시의 확산'이란 SERI 경영노트를 통해 전 세계에 '탄소 제로' 도시 프로젝트가 동시 다발적으로 진행 중이라고 소개했다. 보고서는 "탄소 제로 도시는 이산화탄소(CO_2) 순 배출량이 0(Zero)인 도시를 의미한다"면서 "한국의 경우 에너지 다소비 국가이면서도 에너지 대외의존도가 100%에 육박하는 현실을 감안할 때 탄소 제로 도시 건설이 더욱 절실한 입장이다"라고 소개했다.

비록 대한민국 도시들의 유행이긴 하지만 '부산시의 자전거 도시 만들기'＊도 반길 일이다. 하지만 기존 자전거 도로를 잇고 계획하는 모습이 다분히 억지스럽다. 정말 자전거 도시를 만들고 싶다면 서울의 버스 중앙차로 시행처럼 도로의 중앙을 과감하게 자전거 도로로 만드는 발상의 전환이 필요하다. 프랑스 파리가 기존의 차도를 줄이고 과감하게 인도를 확대한 조치를 감행한 것처럼 말이다. 부산이 평지가 아니라서 효율성이 떨어진다는 것은 기우다.

새 아파트를 만들고 새 집을 짓는 것은 순식간에 꺼져 버리는 짚불에 불과하다. 앞으로도 지속될 밑불이 되기 위해서는 도시에 자연이 함께 공존하게 해야 한다. 세계 명품 도시에는 자연, 특히 녹지 공간과 인간이 공존하고 있다. 21세기 도시는 자연과 공존하는 도시환경이 핵심 경쟁력이다. 도시 쾌적성(Amenity)＊＊의 본질 역시 뭐니뭐니해도 자연으로부터다.

세계 도시, 어디로 향하고 있나

도시는 또 하나의 자연이다

세계는 지금 도시 경쟁력이 곧 국가 경쟁력이 되는 시대다. 독창적인 문화와 감성을 갖춘 도시가 세계적인 브랜드가 되는 시대, 도시가 국가를 넘어서는 새로운 의미가 되는 시대가 온 것이다.

뉴욕이 그렇고, 런던이 그렇고, 파리가 그렇다. 세계 최고의 브랜드를 갖고 있는 도시들이지만 기존의 브랜드 가치에 지속적으로 새로운 문화(culture)와 창의(creative)를 보태면서 새로운 명성을 재창조하고 있다.

새것을 세우는 개발만이 세계 도시의 현주소는 아니다. 역사성을 배경으로 현대의 문화적 요소들이 연계되어 부활한 도시들이 한껏 문화도시의 면모를 과시하는가 하면 과거 낙후됐던 도시들은 창의적인 문화 콘텐츠를 앞세워 새로운 문화관광도시로 탈바꿈하기도 한다. 더불어 안전하고 편리한 도시를 건설하기 위한 움직임도 계속되고 있다. 자연과의 공존을 부르짖는 도시의 움직임도 빼놓을 수 없다.

이 모든 세계 도시의 흐름 한가운데 꿈의 희망 도시 브라질 꾸리찌바가 있다. 브라질 꾸리찌바의 변모는 과히 혁신이다. 브라질 남동부 파라나 주의 주도 꾸리찌바. 16세기 중반까지 유럽의 식민도시였고 1960년대까지만 해도 인구증가와 도시 환경 문제로 고통을 받은 곳이었다. 하지만 1962년 작은 변화가 시작된다.

자미레 레르네르 시장의 출현으로 도시의 상황은 바뀐다. 향후 25년 동안 레르네르 이후 취임한 6명의 시장 가운데 5명이 건축가이며 엔지니어였던 것. 이들이 구현한 꾸리찌바의 도시 목표는 효율적인 도시성장을 위한 버스교통체계(원통형 정류장, 굴절 버스 등)를 갖추고 생태적으로 건강한 공원과 열린 공간(오픈 스페이스)을 극대화하는 것이었다. 그리고 인간 중심의 문화도시를 만드는 것이었다. 여기에는 시장의 리더십, 시정부의 도시 관리 철학과 행정원칙, 창조적 아이디어 도입이 큰 몫을 했다. 그리고 지금 꾸리찌바는 세계 생태도시, 창의 도시의 정점에 있다.

재개발을 통한 도심 속 도시의 변모를 꼽으라면 단연 일본 록본기힐스를 빼놓을 수 없다.

2003년 4월 25일 정식 오픈한 록본기힐스는 수년 전만 해도 도쿄의 대표적 밀집지역이자 낙후지역이었다. 하지만 일본 부동산 그룹 모리사가 11만 6천 ㎡의 부지에 2천700억 엔(토지가 포함시 4천700억 엔)을 투자, 새롭게 변모시켜 주목받고 있는 곳이다. 한마디로 도심 재개발의 성공 사례 중 하나로 부각되고 있는 곳이 바로 록본기힐스다.

일본 록본기힐스.

일본 최대 규모의 도시 재개발사업으로 건설된 록본기힐스는 지상 54층, 지하 6층의 모리타워(오피스 빌딩)와 레지던스(주택동), 각종 상업시설, 방송국, 호텔 등으로 이루어져 있으며 부지의 절반 정도가 정원 등 녹지대로 구성되어 있다.

분명한 사실은 록본기힐스의 성공 뒤에는 대한민국의 주택 재개발이나 재건축과 차별되는 몇 가지 특징이 있었다는 것. 그중 가장 큰 요인은 사업 시행자인 모리사에서 주민을 철저하게 동반자로 생각해 주었다는 것이다. 모리사는 무려 17년이라는 긴 시간을 '주민협의' 과정에 투자해 결국 모든 주민과 시민들이 만족할 수 있는 도시개발계획을 이루어 낼 수 있었다.

이런 움직임과 노력에 의해 이루어진 개별 도시의 경쟁력이 이젠 국가 경쟁력을 견인하고 있다. 아마 미래의 도시는 국가를 넘어서는 새로운 의미가 될 것이다.

지속적으로 변신하고 혁신하면서 독창적인 문화와 감성으로 탈바꿈을 꾀하는 도시들의 모습, 그것이 오늘 세계 도시의 현주소다.

그렇다면 대한민국은? 대한민국 도시들도 최근 자전거, 디자인, 그린 등을 제시하며 도시 이미지 변신에 바쁘다.

서울시는 디자인 산업의 부흥을 목표로 건강한 생태도시, 품격 있는 문화도시, 역동적인 첨단도시, 지식 기반의 세계 도시를 비전으로 하는 '디자인 서울' 정책을 본격적으로 추진하고 있다.

일관성 없이 난립한 가로시설물을 통일감 있도록 정리하고 간판, 보도블록, 조명 등을 유기적으로 통합 디자인해 관리하는 '디자인 서울 거리 사업'은 세계를 향한 서울시의 몸짓이기도 하다.

디자인은 분명 도시를 변화시키는 지렛대 구실을 한다. 하지만 도시를 근본적으로 바꾸는 것은 디자인만으로는 부족하다.

디자인의 변화를 통해 도시의 변화를 이끌겠다는 것. 하지만 디자인만 가지고 도시가 저절로 변화되는 것은 아니다. 디자인을 통해 다소간 도시의 변화는 유도할 수 있을지 모르지만 도시에 생명을 불어넣는 작업은 잘 드러나지 않는다. 디자인만으로 서울을 드러내기는 쉽지 않다.

우리가 놓치고 있는 가장 핵심은 무엇일까? 그것은 도시는 또 하나의 자연이라는 인식이다. 우리의 도시는 콘크리트로 포장된 차가운 도시가 아니라 생태적으로 건강한 도시가 되어야 한다. 자연은 가장 훌륭한 도시의 건축재이며 가장 화려한 장식품이다.

더불어 도시는 인간적인 커뮤니티가 성장하는 곳이어야 한다. 사람들이 걸어 다니는 공간이어야 하고 어린이부터 노인까지 다양한 계층이 살아야 하며 자연과 가깝고 자동차로부터 보호받을 수 있는 곳이어야 한다. 그리고 빠름 속에서 여유와 느림의 멋도 함께 느낄 수 있어야 한다.

도시브랜드는 그 다음의 문제다. 도시브랜드는 만인을 위한 브랜드여야 한다. 특정한 대상을 가지고 도시브랜딩을 할 수 없다. 도시브랜드는 보편성에 기초한 도시 개성을 추구해야 한다.

그리고 도시브랜드는 그 도시만의 개성으로부터 도출되어야 한다. 도시의 역사와 문화, 그리고 추구하는 산업을 중심으로 도시브랜드를 개발해야 한다. 또한 그 도시의 생각과 사상을 담아내야 한다. 도시브랜드는 공통분모를 통한 공유성이 무엇보다 중요하다. 그리고 오래 지속되어야 한다. 이것이 도시를 숨 쉬게 하고 생명을 불어넣는 일이다. 대한민국 도시, 이제 변혁을 꿈꾸는가?

참고문헌 및 자료

권영걸, 『성공하는 기업의 컬러마케팅』, 도서출판국제, 2003.
강수택 외, 경희대학교 인류사회재건연구원 편자, 『우리 사회의 경계, 어떻게 긋고 지울 것인가』, 아카넷, 2008.
김기호·문국현, 『도시의 생명력, 그린웨이』, 랜덤하우스코리아, 2006.
김기홍 외, 『골목을 걷다』, 이매진, 2008.
김성홍, 『도시 건축의 새로운 상상력』, 현암사, 2009.
김용만, 『건축, 생태적 소통의 이마주』, 휘즈프레스, 2009.
김용섭·전은경, 『디자인 파워』, 김영사, 2009.
김은진 외, 『CITY BY CITY』, 건원, 2009.
김진애, 『이 집은 누구인가』, 샘터, 2006.
김진애, 『도시 읽는 CEO』, 21세기북스, 2009.
루시 불리반트, 태영란 옮김, 『제4의 공간 대화를 시작하다』, 픽셀하우스, 2007.
마크 기로워드, 민유기 옮김, 『도시와 인간』, 책과함께, 2009.
멘데 카오루, 김정태 옮김, 『조명, 도시를 디자인하다』, 미세움, 2009.
문정필·김기환, 『미술과 함께 본 건축의 패러다임』, 비온후, 2004.
발레리 줄레조, 길혜연 옮김, 『아파트 공화국』, 후마니타스, 2007.
박승규, 『일상의 지리학: 인간과 공간의 관계를 묻다』, 책세상, 2009.
서현, 『건축을 묻다』, 효형출판, 2009.
신영훈, 『우리문화 이웃문화』, 문학수첩, 1997.
안애경, 『핀란드 디자인 산책』, 나무수, 2009.
안토니 가우디, 이종석 옮김, 『가우디 공간의 환상』, 다빈치, 2006.

알랭 드 보통, 정영목 옮김, 『행복의 건축』, 이레, 2007.

양상현, 『거꾸로 읽는 도시, 뒤집어 보는 건축』, 동녘, 2005.

양용기, 『건축물에는 건축이 없다』, 평단문화사, 2006.

엄기호, 『아무도 남을 돌보지 마라』, 낮은산, 2009.

에스테반 마르틴·안드레우 카란사, 김현철 옮김, 『가우디 임팩트』, 예담, 2007.

오세훈, 『시프트』, 리더스북, 2009.

와다 다카시 편저, 손주희 옮김, 『소통과 나눔 그리고 새로운 마을』, 아르케, 2008.

우에타 가즈히로 외, 나주몽 외 3인 옮김, 『도시경제와 산업 살리기』, 한울아카데미, 2009.

이동범, 『자연을 꿈꾸는 뒷간』, 들녘, 2000.

이서진, 『건방진 런던에 반하다』, 애플북스, 2008.

이어령, 『현대인이 잃어버린 것들』, 문학사상사, 2003.

이어령, 『젊음의 탄생』, 생각의나무, 2009.

이어령, 『생각』, 생각의나무, 2009.

이종근, 『우리동네 꽃담』, 생각의나무, 2008.

이현수, 『이현수 교수의 도시색채 이야기』, 선, 2007.

임석재, 『우리 옛 건축과 서양 건축의 만남』, 대원사, 1999.

임석재, 『현대 건축과 뉴 휴머니즘』, 이화여자대학교출판부, 2003.

임석재, 『교양으로 읽는 건축』, 인물과사상사, 2008.

서현, 『건축, 음악처럼 듣고 미술처럼 보다』, 효형출판, 1998.

자예 애베이트·마이클 톰셋, 김현정 옮김, 『건축의 거인들, 초대받다』, 나비장책, 2009.

전상인, 『아파트에 미치다』, 이숲, 2009.

정기용, 『사람 건축 도시』, 현실문화연구, 2008.

정기용, 『감응의 건축』, 현실문화연구, 2008.

조성룡 외, 『우리의 도시주거 들여다보기, 내다보기』, 미건사, 1995.

조세희, 『난장이가 쏘아올린 작은 공』, 이성과힘, 2000.

조재현, 『공간에게 말을 걸다』, 멘토프레스, 2009.

찰스 랜드리, 임상오 옮김, 『창조도시』, 해남, 2005.

찰스 랜드리, 메타기획컨설팅한국어판기획, 『크리에이티브 시티 메이킹』, 역사넷, 2009.

최병두, 『도시 공간의 미로 속에서』, 한울아카데미, 2009.

최송화, 『공익론 공법적 연구』, 서울대출판부, 2004.

최엄윤, 『이천동, 도시의 옛 고향』, 이매진, 2007.

최은수, 『명품 도시의 탄생』, 매일경제신문사, 2009.

최인규, 『도시디자인 프로젝트』, 시공문화사, 2008.

최인규, 『공공디자인 펀더멘털』, 시공문화사, 2008.

카림 라시드, 이종인 옮김, 『나를 디자인하라』, 미메시스, 2008.

쿠마 켄고, 임태희 옮김, 『약한 건축』, 디자인하우스, 2009.

크리스티안 미쿤다, 최기철·박성신 옮김, 『제3의 공간』, 미래의창, 2005.

하지현, 『도시심리학』, 해냄, 2009.

허균, 『사찰 장식의 선과 미』, 다할미디어, 2008.

허버트 마이어스·리처드 거스트언, 강수정 옮김, 『크리에이티브 마인드』, 에코리브르, 2008.

강동진, 「도시의 다독거림, 회복하는 부산: 도시흔적 가꾸기를 통한 지역재생」, 제2차 부산공간포럼, 2007.

김근동, 「재개발사업의 성공전략」, 삼성경제연구소, 1999.

김현주, 「도시개발사업의 활성화 방안」, 삼성경제연구소, 1999.

김현주, 「재개발 재건축 사업의 효율적 추진방안」, 삼성경제연구소, 2001.

신중진 외, 「주민참여에 의한 도시주거지정비방안에 관한 연구」, 2005.

신중진 외, 「도시정비사업의 연계적 전개방식과 정비수법에 관한 연구」,
　　2005.

우동주, 「아파트 주민건강 영향요인에 관한 건축계획적 연구」, 1999.

우동주, 「지속가능한 집합주택계획의 특성: 영국사례를 중심으로」, 2001.

우신구, 「가로만들기를 통한 도시재생의 가능성」, 제2차 부산공간포럼,
　　2007.

윤일성, 「문화예술을 통한 도시재활성화」, 제2차 부산공간포럼, 2007.

이동현, 「재개발 재건축 사업 진단 및 추진방향」, 2008.

전영옥·민승규·강신겸, 「어메니티(Amenity)가 도시경쟁력이다」,
　　삼성경제연구소, 2003.

주관수, 「도시정비에서 도시재생으로: 재개발의 패러다임 전환을
　　위하여」, 2008.

하성규, 「커뮤니티 주도적 재개발의 새로운 접근: 영국의 근린재개
　　발전략을 중심으로」, 2006.

홍인옥, 「우리나라 도시재개발사업의 성격과 문제점」, 2009.

홍인옥 외, '용산 철거민 참사를 계기로 본 도시재개발사업의 문제
　　점과 대안' (토론회), 2009.

「부산시 및 기초자치단체 공공시설물 이용실태 분석 결과 보고서」,
　　부산경실련, 2005.

「문화예술을 통한 도시재생과 공공디자인」(1차, 2차), 한국언론재
　　단, 2009.

「주택 재개발·재건축 분야 투명성 제고를 위한 제도개선방안」, 국
　　가청렴위원회, 2007.

「2006 도시 및 주거환경정비사업 이론과 실무」, 대한공인중개사협
　　회 부산광역시지부, 2006.

〈대한민국 길을 묻다〉, KBS 1TV 대한민국 길을 묻다 제작팀, 2009.